MÜNCHENER GEOGRAPHISCHE ABHANDLUNGEN

Reihe B

in

MÜNCHENER UNIVERSITÄTSSCHRIFTEN

FAKULTÄT FÜR GEOWISSENSCHAFTEN

Münchener Universitätsschriften
Fakultät für Geowissenschaften
MÜNCHENER GEOGRAPHISCHE ABHANDLUNGEN
REIHE B

Herausgegeben von
Prof. Dr. H.-G. Gierloff-Emden und Prof. Dr. F. Wilhelm
Schriftleitung: Dr. F.-W. Strathmann

Band B 8

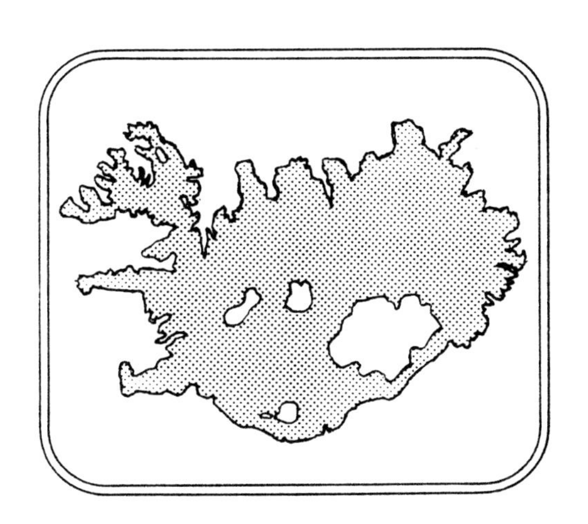

C. CASELDINE, T. HÄBERLE, O. KUGELMANN,
U. MÜNZER, J. STÖTTER und F. WILHELM

Gletscher- und landschaftsgeschichtliche Untersuchungen in Nordisland

Kolloquium am Institut für Geographie der Universität München

1990

Institut für Geographie der Universität München
Kommissionsverlag: GEOBUCH-Verlag, München

Gedruckt mit Unterstützung aus den Mitteln der Münchener Universitätsschriften

Redaktion: Dipl.-Geogr. J. Stötter

Die Ausführungen geben Meinungen und Korrekturstand der Autoren wieder.

Ilmgaudruckerei, Postfach 1444, D-8068 Pfaffenhofen/Ilm

Anfragen bezüglich Drucklegung von wissenschaftlichen Arbeiten und Tauschverkehr sind zu richten an die Herausgeber im Institut für Geographie der Universität München, Luisenstr. 37, D-8000 München 2

Kommissionsverlag: GEOBUCH-Verlag, Rosental 2,
D-8000 München 2

Zu beziehen durch den Buchhandel

ISBN 3925308946
ISSN 09323147

Inhaltsverzeichnis

Gletscher- und landschaftsgeschichtliche Untersuchungen in Nordisland - eine Einführung

F. Wilhelm
Institut für Geographie
Ludwig-Maximilians-Universität München

Island liegt als vulkanogene Insel mit aktiven Vulkanen auf der Rift des Nordatlantischen Rückens knapp unter dem Polarkreis und ist dementsprechend mit etwa 11% seiner Fläche vergletschert. Seine südlichen Ufer werden von den relativ warmen Nordatlantischen und Irminger Strom, die Nordgestade vom Ostgrönland Strom aus dem Nordpolarmeer umspült. Die Meeresgebiete um Island bilden im Bereich der Polarfront die *Wetterküche* Europas. Nur geringe Schwankungen ihrer Lage bedingen einschneidende Veränderungen ökologischer Verhältnisse auf der subarktischen Insel. Sie ist somit durch ihre Lagebedingungen als überaus sensitiver Raum gekennzeichnet, in dem sich klimatische Variationen deutlich in Änderungen des Gletscherhaushalts und in den Formungsaktivitäten, damit in den Formen selbst, dokumentieren.
Island ist seit dem 9. Jahrhundert, als Wikinger auf die Insel kamen, nachdem sie schon vorher durch einen irischen Mönch beschrieben wurde, besiedelt. Die Siedlungsgeschichte, Wohlstand aber auch zum Teil klimatisch bedingte Rückschläge sind dort einmalig schriftlich festgehalten. Neben dieser historischen Dokumentation liefern Pollen in Mooren, Flechtendurchmesser, Aschelagen von Vulkanausbrüchen, die zum Teil sehr genau bekannt sind (Hekla 5 - 1), und andere Naturbelege hervorragende Marken für die zeitliche Einordnung von reliefwirksamen Prozessen.
Die Vielfalt der Formen, die Sensitivität des Raumes stimulierten die geowissenschaftliche Forschung. Von den isländischen Forschern sei hier nur die zweibändige Geographie und Geologie Islands von Thorvaldur Thoroddsen (1855 - 1921) in Petermanns Geographischen Mitteilungen, Ergänzungshefte 152 und 153, 1905 und 1906, sowie die nachhaltige Wirkung des Sigurdur Thorarinsson (1912 - 1983) erwähnt, dessen geowissenschaftliche Arbeiten den Stand der isländischen Forschung bis heute prägen. Aber auch aus Skandinavien, Großbritannien und Deutschland kamen zahlreiche Wissenschaftler, die Formenvielfalt und ihre Entstehung zu studieren (im einzelnen siehe Beitrag T. Häberle zur Forschungsgeschichte).
Der erste deutsche Geologe war 1833 Otto Krug von Nidda mit einer geognosti-

schen Darstellung von Island. Von da an riß die Beteiligung deutscher Forscher an wissenschaftlichen Studien über Island nicht mehr ab. Erwähnt seien hier nur der Marburger Chemieprofessor Robert Bunsen, der 1847 das Phänomen der Geysire erklärte, Konrad Keilhack (1883), der von der norddeutschen Vereisung stimuliert Gebiete aktueller ausgedehnter Vergletscherung studieren wollte. Im Auftrag der Bayerischen Akademie der Wissenschaften reiste der Neptunist Gustav Georg Winkler, Professor am Polytechnikum in München, 1858 nach Island. Mehrere jüngere deutsche Geographen arbeiteten in den vergangenen Jahrzehnten in Island; u. a. R. Glawion, H. Liebricht, E. Schunke, J. – F. Venzke. Besonders verdient gemacht hat sich um die Islandforschung der Geologe Martin Schwarzbach, emeritierter Professor an der Universität Köln. Als Nestor der deutschen Islandforschung hat er nicht nur zahlreiche wissenschaftliche Untersuchungen dort angeregt; bei ihm studierten auch viele Isländer, so daß er die geologischen Arbeiten dort nachhaltig prägte.

In der Fakultät für Geowissenschaften der Ludwig – Maximilians – Universität in München wurde die Islandforschung zunächst von der Geophysik und der Geologie betrieben. Am Institut für Geographie etablierte sich 1987 aus an der Hochgebirgsforschung um Prof. H. Heuberger Interessierten eine Arbeitsgruppe Island durch die Initiative von J. Stötter an meinem Lehrstuhl, nachdem die Aktivitäten schon einige Jahre vorher aufgenommen wurden. Der Arbeitsgruppe gehörten zum damaligen Zeitpunkt an Johann Stötter, Ottmar Kugelmann, Margret Thomas, Dieter Graser, Steffi Habermeier, Helen Wharam und Martin Zwick. Sehr schnell ergab sich eine internationale Zusammenarbeit mit Wissenschaftlern in Island (H. Pétursson, Akureyri, Á. Hjartarson, Reykjavík), England (C. Caseldine, University of Exeter) und Th. Häberle (Zürich), einem Schüler von G. Furrer.

Die vorliegende Veröffentlichung bringt die Vorträge des Island – Kolloquiums am 8. Dezember 1988 am Institut für Geographie der Ludwig – Maximilians – Universität, bei dem erste Ergebnisse der gemeinsamen Forschungen vorgestellt wurden. Seit dem folgten noch weitere Vortragsveranstaltungen von H. Pétursson und Ó. Ingölfson (Lund), was die Aktivität der Arbeitsgruppe bescheinigt.

Den einzelnen Forschungsergebnissen zum Thema Gletscher – und Landschaftsgeschichte im Bereich des Tröllaskagi Gebirges in Nordisland (Beiträge: C. Caseldine, T. Häberle, O. Kugelmann, J. Stötter) wird eine Zusammenschau über die Naturräume Islands (U. Münzer: Island – Vulkane, Gletscher, Geysire; Atlantis Verlag 1985) vorangestellt.

Die Forschungen in Island haben nicht nur lokale Bedeutung, obgleich sie schon dadurch hinreichend gerechtfertigt wären, die Ergebnisse können darüber hinaus wesentliche Beiträge zum Verständnis von Klimaschwankungen auch im mitteleuropäischen Raum beitragen. Klimaveränderungen, die in den Mittelbreiten nahe dem Meeresspiegel nicht oder kaum, allenfalls in Hochlagen der Hochgebirge nachweisbar sind, führen am Grenzsaum der Ökumene zu schwerwiegenden ökologischen Veränderungen. Diese Aussage ist in den Grundlagen richtig. Der Schluß von einer Region zur anderen muß aber durch sichergestellte Prozeßgefüge (u. a gleichzeitige Untersuchungen an rezenten Gletschern, Morpho- und Ökotopen in beiden Gebieten) nachgewiesen werden.

Naturphänomene auf Island

U. Münzer
Institut für Allgemeine und Angewandte Geologie
Arbeitsgruppe Fernerkundung
Ludwig – Maximilians – Universität München

1. Geologische Entwicklung und Gliederung Islands

Nach dem heutigen Stand der Kenntnis setzte die Abtrennung Grönlands von Europa im Alttertiär, d.h. im Paläozän, vor rund 65 Mio. Jahren ein. Das Kaledonische Gebirge, das beide verband, teilte sich begleitet von starker vulkanischer Tätigkeit in eine West – und eine Ostflanke. Der Mittelatlantische Rücken baute sich im Rahmen des seafloor – spreading auf.

Bestätigung dieser Entwicklung sind die Flutbasalte in West – und Ostgrönland, auf den Färöer – und den Orkney Inseln sowie im Nordwesten Schottlands. Die Plateaubasalte Islands sind dagegen wesentlich jünger. Sie entstanden vor rund 16 Mio. Jahren, im mittleren Miozän, aus Spaltenergüssen auf der Kreuzung der Grönland – Färöer – Schwelle und des Mittelatlantischen Rückens.

Der Mittelatlantische Rücken, auf dem Island liegt, hat eine Kammhöhe von 1000 bis 2000 m und eine Länge von etwa 15.000 km. Erdbebenepizentren markieren seinen Verlauf. Parallel zu seiner Achse begleitet ihn auf dem Ozeanboden ein Streifenmuster magnetischer Anomalien. SIGURGEIRSSON (1967) geht davon aus, daß die Anomalie auf dem Rückenkamm positiv und auf beiden Flanken negativ ist – ein Muster, das sich symmetrisch wiederholt.

Aus den zentralen, tief eingekerbten Kammregionen dringen ständig flüssige Basaltlaven auf, so daß neue Ozeankruste geschaffen und der bereits vorhandene Meeresboden beiderseits des Rückens fortgeschoben wird. WARD (1971) nimmt mindestens 3 Drift – bzw. Spreadingperioden im nordatlantischen Raum an. Den Beginn der ersten datiert er auf die Zeit vor etwa 70 bis 60 Mio. Jahren. Eine Periode sehr langsamen Auseinanderdriftens ca. 38 bis 9 Mio. Jahre vor unserer Zeit wurde von den jüngsten Aktivitäten abgelöst, die damit vor etwa 10 bis 9 Mio. Jahren einsetzten.

Auch nach SAEMUNDSSON (1974) erfolgte die Drift in mehreren Schüben, wie Schichtlücken zwischen den tertiären und quartären Basalten zeigen. Sie müssen durch eine beschleunigte Drift ausgeglichen worden sein. Auch die im Norden und im Süden Islands unterschiedliche Breite der neo – vulkanischen Zone wird als Beweis für ein ungleichmäßiges Driften angeführt. Die Bestätigung seiner Überlegungen sah Saemundsson in der heute nicht mehr aktiven Driftachse Langjökull - Skagi (Abb. 1).

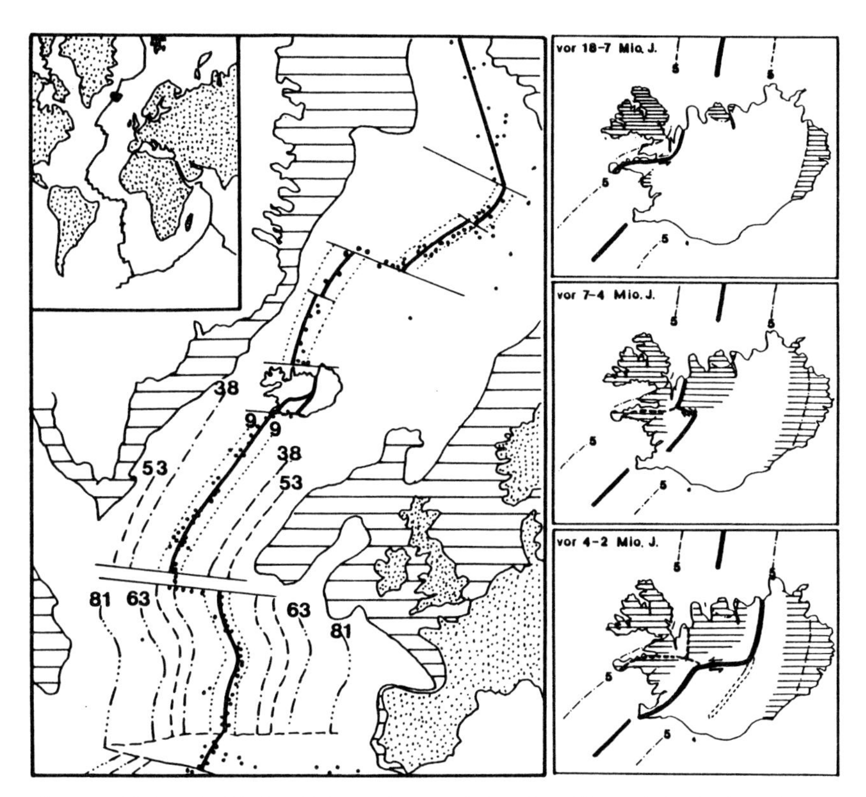

Abb. 1 : Mittelatlantischer Rücken mit magnetischen Anomalien und Entwicklung der Driftzone auf Island

= Lage der magnetischen Anomalien
= Driftachse
= ehemalige Driftachse Snaefellsnes-Skagi
= östlicher Zweig der neovulkanischen Zone
= Verschiebungszone
= älteste Basalte

n. Tessensohn (1976)
n. Schutzbach (1986)

Abb. 1: Mittelatlantischer Rücken mit magnetischen Anomalien; Entwicklung der Driftzone auf Island (nach TESSENSOHN 1976, SCHUTZBACH 1985)

Auskunft über die ungleichmäßige Driftbewegung in den einzelnen Bereichen Islands geben die radiometrischen und paläomagnetischen Altersbestimmungen an den Basalten sowie der jeweilige Abstand der Gesteinsvorkommen zu der Driftachse der neo-vulkanischen Zone.

Die Vorstellungen über das Ausmaß der Driftrate gehen z.T. auseinander. Die Driftgeschwindigkeit beläuft sich laut TESSENSOHN (1976) nach magnetischem Streifenmuster und paläomagnetischer Zeitskala nördlich und südlich von Island sowie auf der Insel selbst in den letzten 10 Mio. Jahren auf etwa 1 cm pro Jahr.

WARD (1971) kommt für den Reykjanes- und den Jan Mayen Rücken zu gleichen Geschwindigkeiten, für Island aber nimmt er eine Dehnungsrate von etwa 2 cm pro Jahr an. Andere Autoren erwähnen für Nordisland 2-7 cm pro Jahr.

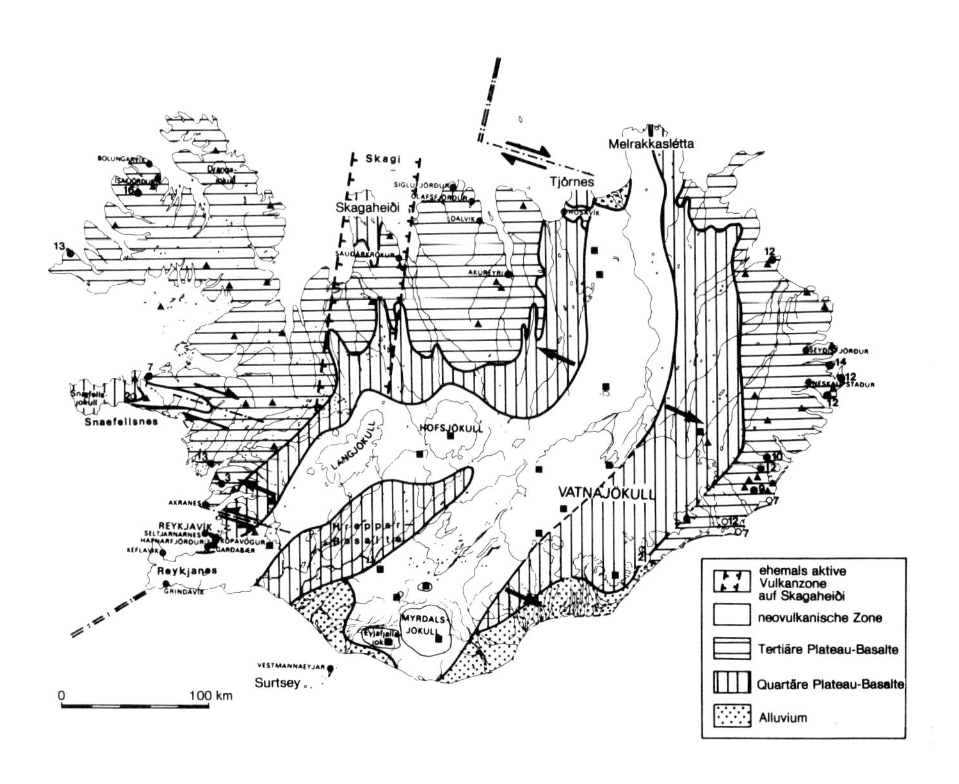

Abb. 2: Geotektonische Karte von Island (nach SAEMUNDSSON 1979)

Die unterschiedliche Driftgeschwindigkeit führte zu Spannungen, die an Verschiebungszonen, den Transform-Faults, ausgeglichen wurden. Die linearen, längsgerichteten Elemente des Mittelatlantischen Rückens werden an derartigen Querstörungen seitlich versetzt (Abb. 1). Nach WARD (1971) können Transform-Faults vor allem anhand von Erdbebenepizentren identifiziert werden, wie sie z.B.

auf Island an der Nordküste, im Südwesten und in schwächerer Form westlich des Langjökull Gletschers vorkommen. WILSON (1973) spricht davon, daß Horizontalverschiebungen dieser Art dazu dienen, die Relativbewegungen zwischen zwei Segmenten des Mittelatlantischen Rückens zu übertragen bzw. zu transformieren.

Beispiele sind die Verschiebung der aktiven Vulkanzone nördlich von Island in der Norwegischen See vor 18 – 13 Mio. Jahren auf die heutige Position des Island – Jan Mayen Rückens; die Verlagerung der Südhälfte der ehemaligen Snaefellsnes – Vatnsnes – Skagaheidi Driftachse vor 7 – 6,5 Mio. Jahren um rund 70 km nach Osten und damit die Entwicklung der Reykjanes – Langjökull Driftachse; die Verlagerung der Nordhälfte der ursprünglichen Snaefellsnes – Vatnsnes – Skagaheidi Zone vor 4 Mio. Jahren um etwa 160 km ebenfalls nach Osten; die Bildung einer weiteren aktiven Vulkanzone vor ca. 2 Mio. Jahren parallel zur Reykjanes – Langjökull Achse vom Zentrum des Landes bis zum Gletscher Tindfjallajökull und ihre Erweiterung seit der letzten Eiszeit über den Mýrdalsjökull bis zu den Vestmannaeyjar Inseln (Abb. 1).

Damit durchquert die heute aktive Driftzone, die neo – vulkanische Zone, Südisland mit 2 parallel versetzten Zweigen in SW – NE Richtung, vereinigt sich im Zentrum des Landes nahezu zu einem gemeinsam S – N streichenden Streifen und setzt sich im Norden bis zur Atlantikküste fort.

Auf Island sind die Transform – Faults morphologisch nur wenig ausgeprägt. So kann die Existenz der Tjörnes Transform – Fault, einer Bruchzone im Norden, nur auf Grund seismischer Daten angenommen und selbst heute morphologisch noch nicht endgültig bewiesen werden. Sie erstreckt sich vom Axarfjördur über die Halbinsel Tjörnes in SE – NW bis ESE – WNW Richtung und setzt sich über die Insel Grímsey bis zum Kolbeinsey Rücken fort.

Starke seismische Aktivität ist auch in Südwestisland gegeben. Hier kamen wie im Norden die bisher stärksten Erdbeben vor. Als Reykjanes Transform – Fault zieht diese Störungszone in ESE – WNW Richtung etwa vom Vulkan Hekla über die südlichen Teile der Hreppar – Basalte zum Thingvallavatn und dem nördlichen Bereich der Halbinsel Reykjanes. (WARD 1971, SAEMUNDSSON 1974,1979, EINARSSON, BJÖRNSSON 1979, EINARSSON, EIRÍKSSON 1982).

Im Westen wird von SCHÄFER (1972) eine weitere Zone von Querstörungen vermutet, die Snaefellsnes – Vatnajökull Transform – Fault, wenn hier auch nur wenige Erdbeben registriert werden. Ihre tektonischen Richtungen verlaufen wie in Nordisland von SE – NW bis ESE – WNW.

Die Entstehung Islands und seine Entwicklung sind eng mit dem Prozess der Kontinentaldrift verbunden. Andere Autoren (WILSON 1973, SAEMUNDSSON 1974,1978, TESSENSOHN 1976, BJÖRNSSON 1981) haben versucht, einige Aspekte der isländischen Entwicklungsgeschichte als Folge von Hot Spots zu erklären. Saemundsson lokalisiert einen solchen Hot Spot, der vor etwa 27 Mio. Jahren aktiv wurde, direkt unter Zentralisland, Björnsson unter Ostisland. Mit dieser Hypothese lassen sich u.a. die anomale Krustendicke bzw. die Höhenlage der Insel und die Streifenmuster der magnetischen Anomalien erklären. Auch die Achsen - Verschiebungen der neo - vulkanischen Zone nach Osten, die Entstehung der Zentralvulkane und der in Richtung auf die Randgebiete Islands abnehmende Vulkanismus werden durch diese Theorie erklärt (Abb. 2).

Eine Kombination von Drift - und Hot Spot - Hypothese könnte dazu beitragen, die unterschiedlichen, z.T. widersprüchlichen Phänomene Islands und seines Umfeldes zu einem geschlossenen Strukturbild zusammenzufügen. Die Auswirkungen des Driftens sind wohl der wesentliche Bestandteil der Entwicklung.

Ungefähr 90 % des Festlandes über dem Meeresspiegel baut sich aus Vulkaniten und oberflächennahen Intrusionen auf, nur ungefähr 10 % besteht aus verfestigten Sedimenten (SAEMUNDSSON 1979). Islands Basalte weisen die größte Variationsbreite im Bereich des nordatlantischen Rückens auf, da der Vulkanismus hier aktiver als in jedem anderen Gebiet des Nordatlantik war (JAKOBSSON 1979).

Drei große Gesteinsabfolgen haben sich entwickelt: Alkali - Olivin - Basalte, die Übergangsalkali - Serie und Tholeyit - Serie. Alkali - Olivin - Basalte gibt es im Bereich, von den Vestmannaeyjar Inseln bis zum Mýrdalsjökull, und auf Snaefellsnes. Die Übergangs - Alkali - Basalte treten zwischen dem Mýrdalsjökull und der Laki - Spalte auf, die Tholeyite sind auf der Halbinsel Reykjanes bis zum Langjökull und im Norden vom Vatnajökull bis zum Axarfjördur zu finden. Der Anteil der Tholeyite postglazialen Alters an dem Gesamtvorkommen an Vulkaniten dieser Zeit wird auf rund 75 Prozent geschätzt. Die tertiären Basaltformationen im Osten, Nordwesten und überwiegend im Norden des Landes sind vor allem der Gruppe der Tholeyite zuzuordnen.

In regionaler Sicht sind die Gesteinsschichten symmetrisch nach ihrem Alter angeordnet, ein Hinweis auf die Auswirkungen des Driftens (Abb. 2).

- Im Zentrum liegen entlang der neo - vulkanischen Zone die quartären Basalte aus dem oberen Pleistozän, dem Holozän und der Gegenwart.

- Beiderseits der neo-vulkanischen Zone sind die pleistozänen, d.h. die alten grauen Basalte vertreten.
- Am weitesten entfernt von der Driftachse liegen die ältesten Einheiten, die tertiären Basalte, auf der fingerförmigen Halbinsel im Nordwesten, im Norden und im Osten des Landes.

Die quartären Basalte sind dem Aufbau nach nur schwer von den älteren, tertiären Basaltlagen zu unterscheiden. Sie enthalten öfter zwischengelagerte Sedimente mariner oder fluvialer Herkunft, gelegentlich auch Braunkohle. Einzigartig sind die während der Eiszeiten entstandenen Palagonit-Formationen (isl.: móberg), die vor allem im Bereich der neo-vulkanischen Zone und auf der Halbinsel Snaefellsnes vorkommen. Auch die oft eintönig wirkenden tertiären Plateaubasalte enthalten vereinzelt eingelagerte Vorkommen an fossilen pflanzen- und kohleführenden Schichten (isl.: Surtarbrandur) (FRIEDRICH 1966, SCHWARZBACH 1975, SAEMUNDSSON 1979).

Die neo-vulkanische Zone verläuft in 2 Streifen vom Südwesten in nordöstlicher Richtung zur Mitte des Landes, wo dann die Richtung von Süd nach Nord weist. Die linearen Elemente sind der Struktur der Vulkanzone angepasst. So ist der richtungsbetonte Verlauf der Kraterketten, Spalten und Verwerfungen sowie der Flüsse, Seen, Bergrücken und Täler sehr ausgeprägt. Sie alle folgen dem tektonischen Muster der Streßzone von Südwesten nach Nordosten bzw. von Süden nach Norden.

Diese Strukturen sind deutlich zu erkennen, so z.B. im Südwesten die Verwerfungen am Kaldidalur und bei Thingvellir, im südlichen Bereich die Kraterkette Laki und die Eruptionsspalte Eldgjá oder im Norden die Spalten Grjótagjá und Krummagjá in der Nähe des Mývatn sowie die zahlreichen Verwerfungen der Gjástykki (Abb. 3).

2. Der Vulkanismus auf Island

Mit einer Fläche von 103.000 km^2 ist Island die größte Vulkaninsel der Erde. Der heute aktive Bereich des Vulkanismus, konzentriert sich auf die neo-vulkanische Zone, mit rund 35.000 km^2, die etwa ein Drittel des Landes einnimmt. Seit dem Ende der Eiszeit waren schätzungsweise 200 Vulkane aktiv, allein 30 während der letzten tausend Jahre.

Ihre Tätigkeit ist vorwiegend effusiver Natur – sie fördern vor allem Lava an die Erdoberfläche. Seit der Besiedlung der Insel vor etwa elfhundert Jahren erreichte der Ausfluß von Lava ein Ausmaß von ungefähr 40 km^3. Für die vergangenen 400 Jahre wird die Förderung auf rund 15 km^3 geschätzt, wobei der Anteil basischen Materials bei 70 %, intermediären bei 22,5 % und sauren bei 7,5 % liegt (THORARINSSON 1959).

Im Tertiär, d.h. ab dem mittleren Miozän (vor 16 – 3,1 Mio. J.), war der Vulkanismus auf Island auf die relativ schmale aktive Zone konzentriert – wie später auch im Pleistozän und Holozän. Der Prozess des seafloor – spreading bewirkte, wie die regionale Gliederung zeigt, daß die ältesten tertiären Plateaubasaltdecken heute im Nordwesten, im Norden und im Osten liegen. Beispiele sind die Vorkommen von Straumnes auf der Nordwest – Halbinsel und ca. 400 – 500 km davon entfernt die Basalte von Bardsnes im Osten. Sie bedecken insgesamt eine Fläche von 50.000 km^2 bzw. fast die Hälfte Islands (SAEMUNDSSON 1979). Ausschlaggebend für die flächendeckende Lavaproduktion war ein Spaltenvulkanismus. Ausschließlich dünnflüssiges basaltisches Material wurde gefördert.

Die Schätzungen über die Gesamtmächtigkeit dieser Plateaubasalte schwanken. So nennt WALKER (1964) mindestens 10 km, DAGLEY ET AL. (1967) 7 km, EINARSSON (1960) 5 – 6 km; GIBSON & PIPER (1972) sprechen von lediglich 2 – 5 km. Die einzelnen Lavaschichten dürften im Durchschnitt eine Mächtigkeit von etwa 10 m haben. Sie lassen sich vielfach über Strecken von bis zu 60 km im Gelände verfolgen. Petrographisch handelt es sich überwiegend um olivinarme Tholeyit – Basalte, die häufig mit Calciten, Chalcedonen oder Zeolithen gefüllte Blasenhohlräume enthalten. Charakteristisch sind ferner die säuligen Absonderungsformen und die vielen Gänge, u.a. die Förderkanäle der einstigen Spaltenvulkane.

In den Regionen, die im Tertiär enstanden, traten aber auch Zentralvulkane auf, die an eine einzige Eruptionsstelle gebunden waren. Sie lieferten basaltische, intermediäre und rhyolithische Laven und Pyroklastite bzw. in geringem Umfang vulkanische Sedimente (JAKOBSSON 1979). Ferner trugen sie zur Bildung von Gabbro – und Granophyr – Intrusionen bei. Nach WALKER (1964) und JAKOBSSON (1979) waren im Tertiär etwa 44 Zentralvulkane bzw. Vulkansysteme aktiv wie u.a. der Thingmúli, Bardsnes, Breiddalur, Alftafjördur im Osten und der Arnarfjördur, Króksfjördur, Skorarheidi, Reykjadalur und Húsafell im Westen. Im Laufe der Zeit wurden die Zentralvulkane wiederholt von Ergüssen tholeyitischer Laven umgeben und z.T. ganz von ihnen bedeckt.

Unverändert setzte sich dieser Vulkanismus im Pliozän und Pleistozän (vor 3,1 –

0,7 Mio J.) fort. Die pleistozänen Gesteine werden in die ältere und die jüngere Doleritformation unterteilt. Die ältere Doleritformation, auch alte graue Basaltformation genannt, bedeckt in zwei schmalen Streifen beiderseits der neo-vulkanischen Zone eine Fläche von ca. 25.000 km^2, sie gehört der paläomagnetischen Gauss- und Matuyama-Epoche an. Die jüngere Doleritformation, bzw. jüngere graue Basalt- oder Palagonitformation, die während der Interglaziale der Brunhes-Epoche entstand, liegt im Bereich der aktiven Vulkanzone. Basaltische Laven wurden aus Spalten- und Schildvulkanen gefördert; aber auch Stratovulkane waren tätig. Zu nennen sind das Dyngjufjöll-Massiv, der Tindfjalla-, Tungnafells-, Eyjafjalla-, Hofs- und Snaefellsjökull sowie die Rhyolithgebiete Kerlingarfjöll und Torfajökull.

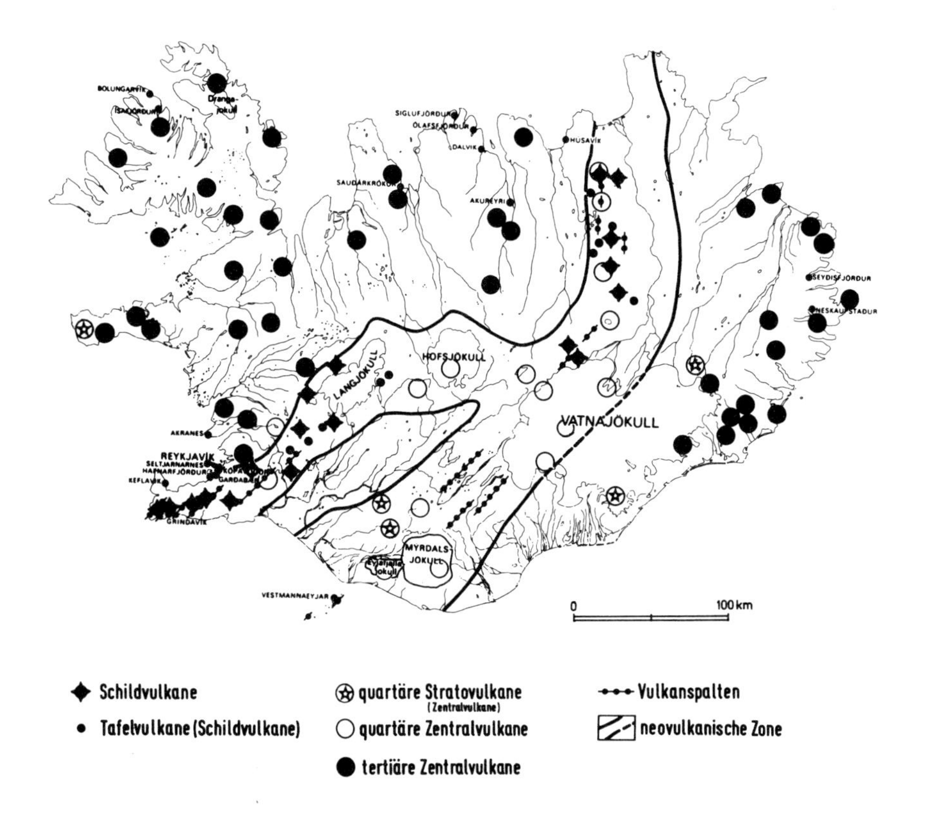

Abb. 3: Die wichtigsten Vulkantypen und -spalten (nach SAEMUNDSSON, 1979)

Selbst während der 4 Glaziale der Brunhes-Epoche hielt der Vulkanismus an. Unter den Eispaketen entstanden aus dem basaltischen bis basaltisch-andesitischen Magma die für Island typischen Tafelvulkane. Sie sind aus Pillow – Laven, Hyaloklastiten und geschichteten Hyaloklastiten aufgebaut. Aufgrund der eisbedingten, plötzlichen Erstarrung des Magmas besteht der Hyaloklastit vorwiegend aus transparentem, sehr instabilen braunem Glas, dem Sideromelan. Durch Zutritt von Wasser bildet es als Verwitterungsprodukt den Palagonit (isl.: móberg) (JAKOBSSON 1979). Er ist weit verbreitet, so im Norden im Námafjall – Leirhnjúkur Gebiet, in dem Mödrudalsfjallgardar, auf Melrakkaslétta oder im Süden bei Tindaskagi, bei dem Sveifluháls und Bláfjöll auf Reykjanes und bei Thorsmörk.

Auch der jüngste Abschnitt, das Holozän, zeichnet sich durch einen andauernden Vulkanismus aus. SAPPER (1908), SAEMUNDSSON (1979) schätzen die postglaziale Lavaproduktion auf 400 – 500 km^3 und die Flächenbedeckung auf 12.000 km^2. Ungefähr 90 % der Eruptiva sind basaltischer, 10 % intermediärer und sauerer Zusammensetzung.

Ein besonderes Merkmal Islands ist, daß auf relativ kleinem Raum fast alle Vulkanarten zu finden sind (Abb. 3). Einige rezente Vulkanformen seien hier genannt:

Als **Lava – oder Schildvulkan** werden alle Typen angesprochen, die sich aus Schichten mehrerer aufeinander folgender, meist olivin – tholeyitischer Lavaergüsse aufbauen. Die Laven sind gasarm und sehr dünnflüssig, so daß sie selbst bei geringem Gefälle ausgedehnte Flächen bedecken, wie das bei vielen Spalteneruptionen der Fall ist. Fließen die Lavaströme aus einem zentralen Fördergang nach allen Seiten ab, so bilden sie schildartige Formen mit nur leicht geneigten Böschungen von 3 bis 7 Grad. Vertreter dieser Gruppe sind die Trölladyngja nördlich des Vatnajökull, die eine Höhe von 600 m im Gelände und einen Durchmesser von mehr als 10 km an der Basis aufweist; die Kollóttadyngja, deren Laven den Tafelvulkan Herdubreid umschließen und die Ketildyngja, deren Lavadecken bis zum Mývatn reichen. Auch im Südwesten sind Schildvulkane zu finden. Das gilt für den Langhóll, den Sandfellshaed auf der Halbinsel Reykjanes und vor allem für den Skjaldbreidur oder "Breites Schild", nördlich des Thingvallavatn. Er stellt den Prototyp eines Schildvulkans dar; seine Basis hat einen Durchmesser von 8 – 10 km bei einer vergleichsweise nur geringen Höhe von 550 m über dem Gelände.

Auch die **Tafelvulkane** sind eine Art Schildvulkane. Ihrer Entstehung nach werden sie – wie z.B. das Bláfjall, das Sellandafjall und das Hlödufell, der Eiríksjökull und das Hrútfell – auf subglazialen Vulkanismus zurückgeführt. Ihr Unterbau besteht aus Pillow- Laven, Hyaloklastiten und Palagonit. Beim Durchbruch durch die Eisdecke bildete sich – wie am Beispiel der Herdubreid im Odádahraun deutlich wird – auf der Spitze ein kleiner Schildvulkan. Andere Ausbrüche sind unter dem Eis steckengeblieben und erstarrt. Die Auswürfe wurden erst sichtbar als die Eismassen im Laufe der Jahrtausende abschmolzen (SAEMUNDSSON 1979).

Zu den **Schicht- oder Stratovulkanen** zählen alle Arten, die nicht allein aus Lavaergüssen aufgebaut, sondern in einer Wechselfolge von Laven und Lockermaterialien wie Aschen, Bomben und Lapilli gebildet werden. Sie zählen u.a. auch wegen des unterschiedlichen Chemismus ihrer Produkte zu den Zentralvulkanen. Zu ihnen gehören u.a. der Öraefajökull im Südosten und der Snaefellsjökull auf der Halbinsel Snaefellsnes im Westen.

Im Zentrum des Landes befindet sich ein weiteres Stratovulkansystem, das pleistozäne Massiv der Dyngjufjöll mit 20 – 25 km Durchmesser. Es ist im wesentlichen aus subglazial entstandenen Hyaloklastiten und Pillow-Laven aufgebaut. Aus den postglazialen Eruptionsstellen stammen basaltische Laven und Tuffe. VAN BEMMELEN & RUTTEN (1955) nehmen an, daß die Laven von einer lakkolithischen Intrusion in den unterlagerten Plateau- Basalten herrühren, die zu der vulkantektonischen Aufwölbung des Dyngjufjöll führten. Ihr Zusammenbruch ließ die Askja – Caldera und den Öskjuop-Graben entstehen. Der Caldera-Boden ist mit postglazialer Lava bedeckt. 1875 ereignete sich ein explosiver Ausbruch aus dem Krater Víti, der ca. 2 km^3 rhyolithischen Bims förderte. Große Mengen flüssigen Magmas ergossen sich in unterirdischen Spaltensystemen nach Norden. Im Anschluß sank der Südostteil der Askja ein, es bildete sich der ca. 170 m tiefe Öskjuvatn (Knebel-See) mit einer Fläche von 3 km x 4 km (KNEBEL & RECK 1912, SIGBJARNARSON 1973). Mehrere kleine Ausbrüche basaltischer Lava folgten 1921-30 im Bereich der Caldera-Randbrüche. Nach einer Ruhepause von mehr als 30 Jahren brach im Oktober 1961 erneut am Rand der Caldera ein Vulkan aus. Die drei Krater des Öskjuop förderten einen Lavastrom von 9,2 km Länge, der bis Anfang Dezember 1961 eine Fläche von rund 11 km^2 bedeckte (SCHWARZBACH & NOLL 1971, SCHWARZBACH 1975).

Eine Kombination von Stratovulkan und Spaltensystem ist die Hekla, 60 km von der Südküste entfernt, die vor rund 7000 Jahren aktiv wurde. Petrogenetisch kann sie als Zentralvulkan angesehen werden. Die intermediären bis sauren Lavaergüsse und die explosionsartigen Ascheauswürfe erfolgen aber überwiegend aus einer ursprünglich etwa 8 km langen Spalte. Die Eruptionstätigkeit unterliegt einem gewissen Rhythmus: aktive Phasen, die im Schnitt 1100 Jahre anhalten, werden von mehrere hundert Jahre dauernden Ruhephasen abgelöst. Der Zyklus beginnt jeweils mit einer kräftigen plinianischen Phase. In der Regel werden bereits während des Initialausbruchs, in den ersten Stunden bzw. Tagen, 80 - 90 % der gesamten rhyolithischen Asche gefördert (THORARINSSON 1949, 1970). Diese Ascheablagerungen erscheinen heute als helle Streifen in Aufschlußprofilen.

THORARINSSON (1949, 1979) war es anhand thephrochronologischer Studien erstmals möglich, die längeren Eruptionsphasen nach dem Alter der Ascheschichten zu bestimmen. So sind folgende 5 Altersgruppen gegeben: Die Gruppe H1 mit Beginn vor 1500 Jahren reicht bis in die Gegenwart; die Gruppe H2 umfaßt den Zeitraum von vor 1500 bis 2000 Jahren; H3 setzte vor 2800 Jahren ein; H4 umfaßt die Spanne von vor 4000 - 4500 Jahren; die Gruppe H5 schließlich reicht von vor 6600 - 7100 Jahren.

Seit Beginn der Aktivitäten der Hekla wurden mehr als 100 Eruptionen gezählt, darunter 16 schwere während der letzten 1100 Jahre. Ein Beispiel ist der Ausbruch vom 29.3.1947, bei dem nach 13 - monatiger Aktivität ein Gelände von 40 km^2 mit Lava bedeckt war und Asche nach 51 Stunden in Helsinki niederging. Die lebhafte Tätigkeit zeigt sich auch in der relativ dichten Aufeinanderfolge der Ausbrüche im jüngsten Zeitabschnitt H1. Die Daten lauten: 1104, 1158, 1206, 1222, 1300, 1341, 1389, 1510, 1597, 1636, 1693, 1766, 1845, 1947, 1970, 1980 - 1981.

Sehr häufig kommen **Aschen -, Schlacken - und Bimssteinkegel** vor; sie liegen im Bereich der neo - vulkanischen Zone, wie der ringförmige Hverfjall nahe des Mývatn, der gelegentlich auch als Tuff - Vulkan bezeichnet wird. Eine Variante sind die in Island vielfach auftretenden Gasvulkane, die durch explosionsartige Gasausbrüche entstanden sind. Ihre Krater und Maare sind oft mit Grundwasser gefüllt. Hier ist besonders der Graenavatn bei Krísuvík auf der Halbinsel Reykjanes zu nennen. Maarähnliche Explosionskrater sind u.a. der Ljótipollur, der Bláhylur oder die Valagjá nur wenige Kilometer von den Obsidianströmen bei Landmannalaugar im Süden entfernt (NOLL 1967).

Eine sehr wichtige Rolle spielen auf Island die **Linearausbrüche**, die zu der Bildung von Kraterreihen führen. Die Spalten stehen, wie auch die Hekla zeigt, meist in enger Verbindung zu einem Zentralvulkan, d.h. sie sind Teil eines Vulkansystems, das 50 - 100 km lang und 10 - 30 km breit sein kann (JAKOBSSON 1979, SAEMUNDSSON 1979). Die Erstausbrüche erfolgen an Spalten, die durch tektonische Vorgänge und durch den Druck des aufsteigenden Magmas aufgerissen werden. Eine der schwersten Eruptionen war der Laki - Ausbruch (Lakagígar) südwestlich des Vatnajökull im Jahr 1783. Zunächst öffnete sich eine etwa 25 km lange SW - NE ziehende Spalte. Dann folgten gewaltige Ergüsse tholeyitischer Lava aus etwa 115 Einzelkratern und heftige Auswürfe von Aschen, die mit giftigen Gasen angereichert waren. Insgesamt wurden 565 km^2 mit Lava überdeckt, teilweise erreichten die Lavaschübe Entfernungen von mehr als 60 km. Die Fördermenge betrug 12,5 km^3 , während der Ausstoß von Lockermaterial auf 0,85 km^3 geschätzt wird. Der Laki - Ausbruch war der größte, der je beobachtet werden konnte. Seine Förderung entspricht schätzungsweise den Mengen an neuer ozeanischer Kruste, die heute an allen mittelozeanischen Rücken zusammengenommen produziert werden (THORARINSSON 1969).

Eines der zur Zeit aktivsten Gebiete liegt in der Nähe des Zentralvulkans Krafla, nördlich des Mývatn. Hier riß das Leirhnjúkur - Spaltensystem mehrmals auf und zerstörte weite Bereiche. Der erste Ausbruch, in Island als Mývatnseldar oder Mückenseefeuer bekannt, setzte am 17. Mai 1724 mit einer Explosion und zahlreichen Erdbeben ein. In mindestens vier aufeinander folgenden Phasen mit laufend neuen Spaltenrissen und sehr heftigen Eruptionen wurden bis zum Januar 1729 und auch 1746 große Lavamengen gefördert. Dann dauerte es knapp 250 Jahre bis 1975 mit einem kleinen Ausbruch im Gebiet der Leirhnjúkur - Spalten eine neue Phase von Eruptionen und Krustenbewegungen eingeleitet wurde. Bei geringfügiger Lavaförderung war auch sie von heftigen Beben begleitet.

Die kurze Aufeinanderfolge der letzten 9 Eruptionen (1 Ausbruch 1975, 2 Ausbrüche 1977, 3 Ausbrüche 1980, 2 im Jahre 1981 und 1 Ausbruch 1984) zeigt, wie gefährdet das Gebiet ist. Im Vergleich zu anderen Ausbrüchen auf Island ist die Lavaförderung relativ gering; bislang wurden maximal 24 km^2 Fläche mit Lava bedeckt (EINARSSON ET AL. 1982).

Gerade in diesem Abschnitt des Mittelatlantischen Rückens lassen sich Vulkanismus und Driftprozess gut beobachten. So stellten u.a. GERKE ET AL. (1978), MÖLLER (1980) und SPICKERNAGEL (1980) für die Zeit von 1965 - 1971 eine Kompression von 0,5 m, für 1971 - 1975 eine Dehnung von 0,3 m und während der starken vulkanischen Aktivität für 1975 - 1977 sogar eine Dehnung von 2,8 m auf 3 km fest. Insgesamt betrug 1971 - 1975 die Dehnung in der ca. 90 km breiten neo - vulkanischen Zone im Norden weniger als 0,5 m.

Wichtige vulkanische Ereignisse auf Island

Eruptionen	Datum	Vulkantyp und Förderprodukte	Lage	Bemerkungen
Plateaubasalte	Miozän bis Jungtertiär	Spaltensysteme und Zentralvulkane; basaltischer Vulkanismus mit sauren Einschaltungen	Osten, Norden, Nordwesten	wichtigstes Ereignis des Vulkanismus auf Island, rund 50 % der Insel bestehen aus Plateaubasalten
Dolerit-Abfolge	Pleistozän	Spalten-, Schild- und Stratovulkane bzw. Zentralvulkane; basaltischer Vulkanismus, u.a. Förderung intermediärer und rhyolithischer Laven; Bildung von Palagonit	Mittelteil des Landes	Ältere Doleritformation (ältere graue Basaltformation): bedeckt während der Gauss-Matuyama Epoche beiderseits der neo-vulkanischen Zone 25.000 km^2 Fläche; Jüngere Doleritformation (jüngere graue Basaltformation auch Palagonitformation): entstand während der Brunhes Epoche und liegt im Bereich der neo-vulkanischen Zone.
Rezenter Vulkanismus	postglazial bis rezent	Spalteneruptionen, Zentralvulkane; Förderung überwiegend basaltischer Laven	neo-vulkanische Zone	In 15000 Jahren Förderung von rund 340 km^3 Lava und 50 km^3 Asche. Entstehung von mehr als 200 Vulkanen, davon 30 aktiven seit der Besiedlung vor ca. 1100 Jahren
Öraefajökull	1362 und 1727	Zentralvulkan aus Basalt, Palagonit, Brekzien, darüber Rhyolithintrusion und Vulkankegel aus Basalt	Südostküste	mit 2119 m höchste Erhebung Islands, bedeckt vom Eis des Vatnajökull; Förderung von 2 km^3 rhyolithischer Asche während der letzten 100 Jahre
Lakagígar	1783	rezenter, nicht mehr aktiver Spaltenvulkan; Förderung tholeyitischer Lava	Südisland, im Bereich des östlichen Streifens der SW-NE ziehenden neo-vulkanischen Zone	Ausfluß der Lava aus ca. 115 Kratern einer 25 km langen SW-NE ziehenden Spalte, Förderung der größten Lavamenge in historischer Zeit von 12,5 km^3, die 565 km^2 Fläche bedecken.
Dyngjufjöllmassiv	mehrfach ab Pleistozän, dann 1875, 1921, 1924, 1929 und 1961	Stratovulkansystem; Förderung basaltischer Laven, rhyolithischem Bims und Aschen, Bildung von Block- und Stricklava	Zentralisland im Übergangsbereich der SW-NE bzw. S-N ziehenden neo-vulkanischen Zone	Askja - Caldera mit See Öskjuop (Knebel See) und Explosionskrater Víti aus dem Jahr 1875 liegen im pleistozänen Vulkansystem der Dyngjufjöll

Hekla	vor 6600 - 7100 J. vor 4000 - 4500 J. vor 2800 J. vor 1500 - 2000 J. vor 1500 J. bis Gegenwart	aktiver Strato- und Spaltenvulkan; Initialausbruch mit Förderung saurer Differentiate; z.T. rhyolithischem Bims und Aschen mit bis zu 70 % SiO_2, dann andesitischen bis basaltischen Laven mit 54 - 57 % SiO_2	Südisland im Bereich des östlichen Streifens der neo-vulkanischen Zone	H 5 H 4 H 3 Unterteilung der Ausbrüche in fünf Zyklen aufgrund H 2 tephrochronologischer Studien H 1 16 Ausbrüche seit der Landeinnahme: 1104, 1158, 1206, 1222, 1300, 1341, 1389, 1510, 1597, 1636, 1693, 1766, 1845, 1947, 1970, 1980-1981
Surtsey	14. Nov. 1963 bis Juni 1967	submariner Spaltenvulkanismus im Übergang zu Stratovulkan, Ausfluß basaltischer Lava, Palagonitbildung	Vestmannaeyjar Archipel südlich von Island	Inselhöhe 170 m, Fläche 2,45 km^2
Heimaey	23. Jan. 1973 bis Mitte Juni 1973	Spaltenvulkanismus; Förderung von Aschen und Laven der Alkali-Serie	größte Insel des Vestmannaeyjar Archipels, südlich von Island in Verlängerung des östlichen Streifens der neo-vulkanischen Zone	Vulanausbruch vergrößerte die Insel um 1/3 auf 16 km^2
Leirhnjúkur-gebiet	1724, 1729, 1746, 1975, 1977, 1980 und 1984	Spaltenvulkansystem; Förderung dünnflüssiger basaltischer Lava	Nordisland in der Nähe des Mývatn-Sees in der S-N ziehenden neo-vulkanischen Zone	rezenter, sehr aktiver Spaltenvulkan: 20.12.1975 mit 0,036 km^2 Lavadecken 27. 4.1977 mit 0,001 km^2 Lavadecken 8. 9.1977 mit 0,500 km^2 Lavadecken 16. 3.1980 mit 1,300 km^2 Lavadecken 10.-18.7.1980 mit 5,300 km^2 Lavadecken 18.-24.10.1980 mit 11,500 km^2 Lavadecken 30.1.-4.2.1981 mit 17,000 km^2 Lavadecken 4.-18.9.1984 mit 24,000 km^2 Lavadecken

Tab. 1: Wichtige vulkanische Ereignisse auf Island

Linearausbrüche können auch zu der Bildung von **Explosionsgräben** führen, wie das Beispiel die Eruptionsspalte Eldgjá zeigt. Sie zieht sich in SW – NE Richtung durch das Gelände und kann, mit einigen Unterbrechungen, auf einer Länge von ca. 30 km vom Berg Uxantindur bis zum Gletscher Mýrdalsjökull verfolgt werden. Besonders eindrucksvoll ist sie im Bereich des Berges Gjátindur, wo sie auf einer 6 km langen Stecke 140 m tief und 600 m breit ist. LARSEN (1979) datiert den Ausbruch auf 930 – 950 n.Chr.. Die Lavamengen flossen bis zu den Küstenregionen Medalland und Landbrot im Süden. Sie folgten damit etwa der gleichen Richtung wie 800 Jahre später die Laki – Lavaströme.

Ein Beispiel für **submarine Eruptionen** eines Vulkansystems ist die Bildung der Insel Surtsey. Sie ereignete sich ohne vorherige Ankündigung; auch die Aufzeichnungen der Seismographen in Reykjavík ließen die Entwicklung nicht erwarten. Vermutlich lief der Eruptionsprozeß nur sehr langsam in dem rund 130 m tiefen Meer an, ehe es möglich war, am 14. Nov. 1963 die Ausbruchstelle rund 22 km südwestlich der Insel Heimaey zu identifizieren. Schwarze Dampf- und Aschesäulen stiegen aus dem Meer, Gesteinsbrocken wurden zusammen mit Asche und Bomben herausgeschleudert. Bereits nach drei Stunden erreichte die Eruptionswolke eine Höhe von 4 km. Am folgenden Tag erschien die Insel und baute sich so rasch auf, daß sie Ende Dezember 1963 bereits 145 m aus dem Meer ragte. Am 4. April setzte der Ausfluß von stark basaltischer Lava in mehreren Stadien ein und hielt mit wechselnder Stärke bis zum 5. Juni 1967 an. Die gesamte Lavamenge wird auf rund 1,2 km^3 geschätzt, davon entfallen 60 – 70 % auf Tephra (THORARINSSON 1969). Die vulkanische Tätigkeit erstreckte sich insgesamt über einen Zeitraum von rund 4 1/2 Jahren. Seither bedeckt Surtsey eine Fläche von 2,45 km^2. Seine Höhe beträgt 170 m über dem Meeresspiegel.

Zwei weitere Eruptionen traten in unmittelbarer Nähe ein. Am 23. Mai 1965 entstand etwa 600 m nordöstlich von Surtsey die Insel Syrtlingur mit einer Länge von 650 m und einer Höhe von 70 m. Mehrfach wurde sie vom Meer abgetragen, bis sie im Herbst 1965 endgültig verschwand. Die Insel Jólnir, die Weihnachtsinsel, entstand am 28.12.1965 südwestlich von Surtsey. Im Laufe einer zehnmonatigen Aktivität wurde sie fünfmal vom Meer fortgespült und versank schließlich im Oktober 1966.

Auch die Eruptionen auf der Insel Heimaey am 23.1.1973 kamen überraschend als im Osten der Stadt Vestmannaeyjar sich ein über 1 km langer, SW – NE ziehender Riß bildete. Aus etwa 40 Stellen schossen Lavafontänen, gemischt mit Asche und Bomben. Bereits nach 2 Stunden wurde Lava und Tephra aus einer 3 km langen Spalte gefördert. Ihre Fördermenge wird auf etwa 100 m^3/sec geschätzt. Heiße Aschen, Lavaströme und Lavabomben bedeckten zunächst die Außenbereiche der Stadt. Ende Februar war der Zentralkrater des Eldfell bereits 180 m hoch. Große Mengen Blocklava (Aa – Lava bzw. apalhraun) bewegten sich mit einer Mächtigkeit von bis zu 60 m über die Häuser hinweg in Richtung zur Hafeneinfahrt. Insgesamt flossen bis Mitte Juni 1973, dem Ende der Tätigkeit, schätzungsweise 220 Mio. m^3 Lava aus, ca. 20 Mio m^3 Asche wurden ausgeworfen. Ab Juli wurde die Stadt ausgegraben, sodaß dort heute wieder etwa 5500 Menschen leben.

3. Eisdecken und Gletscher auf Island

Während des Pleistozäns kam es auf Island wiederholt zu Vereisungen. Der zeitliche Ablauf der Zyklen bzw. die Zahl der Vergletscherungsperioden auf Island ist noch nicht einwandfrei geklärt. Stratigraphische Untersuchungen auf der Tjörnes – Halbinsel im Norden ergaben 6 Eisvorstöße, am Esja – Gebirge nördlich von Reykjavík sowie bei Húsafell westlich des Langjökull jeweils 13 Vereisungsperioden (SAEMUNDSSON 1979). Im allgemeinen kann aber von etwa 20 Vergletscherungen größeren und kleineren Ausmaßes während der letzten 3 Mio. Jahre ausgegangen werden.

Die Spuren der Eistätigkeit sind zahlreich, wie die Trogtäler im Nordwesten, Norden und Osten zeigen, deren Basaltlagen oft glattgeschliffen sind oder Gletscherschrammen aufweisen. Aber auch die Moränenzüge und andere glaziale Landschaftsformen wie Kames, Drumlines, die tief eingeschnittenen Betten der Gletscherzungen und die ausgedehnten Geröllflächen der Sander vermitteln einen Eindruck von der Schürfkraft des Eises.

Die Endmoränenwälle geben Aufschluß über die zeitliche Entwicklung der Vergletscherung auf Island. Zu Beginn der letzten Eiszeit vor ca. 70.000 Jahren wurde die gesamte Insel von Gletschereis bedeckt. Als Folge einer leichten Klimabesserung vor 15.000 Jahren schmolzen die Eismassen langsam soweit zurück, daß das Eis nur noch im Landesinneren zu finden war. Eine Klimaverschlechterung brachte dann wieder ein Stadium gewaltiger Gletschervorschübe.

Es erhielt die Bezeichnung Alftanesjökull - nach den Endmoränenzügen, die auf der Halbinsel Alftanes in der Nähe von Reykjavík gefunden wurden. Seine Eisbedeckung erreichte vor ca. 12.000 Jahren ihre maximale Ausdehnung; sie verringerte sich aber im Laufe des folgenden Jahrtausends wieder. Vor 11.000 bis 10.000 Jahren kam es vor allem im Südwesten zu Gletschervorstößen, die beachtliche Ablagerungen von Moränen (Búdi) hinterließen. Ein leichtes Ansteigen der Temperaturen beendetete vor rund 10.000 Jahren die letzte Eiszeit. Nur die höchsten Erhebungen im Gebiet des Vatnajökull trugen noch Eiskappen; in den Niederungen setzte vor 9.000 Jahren das erste Stadium des Birkenwuchses ein. Kleinere Klimaverschiebungen und erhöhte Niederschläge traten vor 7.000 Jahren ein und führten zu einer Moorbildung. Vor 5.000 Jahren folgte dann das zweite Birken - Stadium, das von einem zweiten Moor - Stadium vor 2.500 Jahren abgelöst wurde (BJÖRNSSON 1979, SCHUTZBACH 1985, und Beiträge in diesem Band).

Um 500 v. Chr. wuchsen schließlich die Eiskappen des Öraefajökull, Grímsfjall, Breidabunga, Bárdarbunga, Kverkfjöll und Esjufjöll zum Vatnajökull zusammen (BJÖRNSSON 1979).

Etwa ab 1600 n. Chr. breitete sich mit dem Eintritt der "kleinen Eiszeit", die Eisbedeckung wieder aus. Dem ständigen Wechsel von kühleren und wärmeren Abschnitten folgend ziehen sich die Gletscher seit 1890 allmählich zurück, ein Prozess der noch anhält. Allein die Fläche des Vatnajökull verkleinerte sich in den letzten 95 Jahren um etwa 10 % - bleibt aber mit 8300 km^2 auch jetzt noch Europas größtes zusammenhängendes Eisgebiet. Die Eisdecke der Gláma auf der Nordwest - Halbinsel schmolz während der letzten Jahrzehnte völlig ab.

Heute sind rund 11 % der Oberfläche Islands, das heißt 11.200 km^2, mit Gletschereis und Firn bedeckt (BJÖRNSSON 1979). Sie lassen sich geographisch in vier große Komplexe zusammenfassen (Abb. 4):

- das südliche Gebiet mit dem Eyjafjalla - , Mýrdals - , Tindfjalla - und Torfajökull
- den südöstlichen Bereich mit dem Vatnajökull
- das zentral gelegene Gebiet mit dem Snaefells - , Thóris - , Eiríks - , Langjökull, Hrútfell, Hofs - und Tungnafellsjökull
- die nordwestliche und nördliche Region mit dem Drangajökull und den kleinen Gletschern von Tröllaskagi, etwa zwischen den Fjorden Skaga - und Eyjafjördur.

Die großen Gletscher gehören überwiegend zu der Gruppe der flachen Plateaugletscher, deren Eismassen sich nach allen Seiten hin ausbreiten. Nicht nur flächenmäßig, sondern auch nach seiner Mächtigkeit hat der Vatnajökull mit einer durchschnittlichen Eisdicke von 420 m und einer maximalen Mächtigkeit von bis zu 1000 m den größten Anteil am Eisaufkommen (BJÖRNSSON 1979).

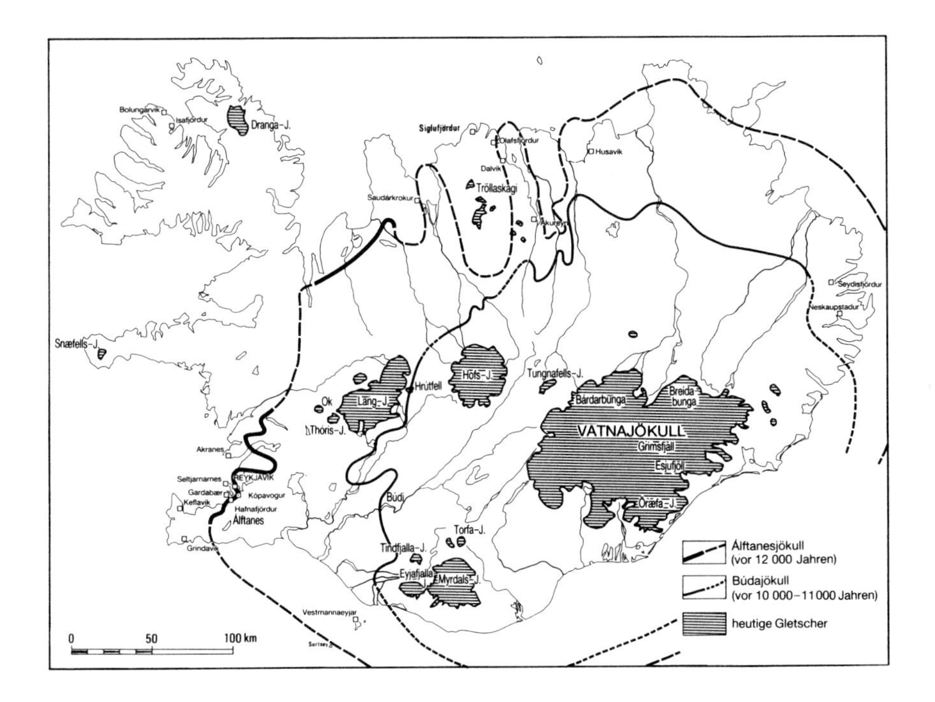

Abb. 4: Stadien der Eisbedeckung (nach EINARSSON 1973)

Eine Ausnahme bilden im gebirgigen Norden zwischen dem Skaga- und Eyjafjördur die kleineren Talgletscher und die Kargletscher alpinen Typs von Tröllaskagi. Aufgeteilt auf ca. 115 kleine Einzelgletscher und Firnfelder beträgt die von ihnen eingenommene Gesamtfläche nicht mehr als 40 km^2 (BJÖRNSSON 1979, MEYER & VENZKE 1984).

Ein besonderes Naturphänomen auf Island ergibt das Zusammenwirken von Vergletscherung und Vulkanismus, wie es in den subglazialen Ausbrüchen zum Audruck kommt - ein Vorgang, der nur selten anzutreffen ist. Der Vatnajökull z.B. gehört im Westen etwa zur Hälfte der neo-vulkanischen Zone an. Im Zentrum des Eisgebietes liegt in den Grímsvötn einer seiner vielen subglazialen Vulkane, der zugleich der aktivste ist. Seine Ausbrüche haben immer wieder verheerende Folgen gehabt, nicht zuletzt weil sie mit den für Island typischen, zahlreichen Gletscherläufen oder Jökulhlaup verbunden sind. Erste Aufschlüsse über den Ursprung und die Entwicklung dieser Gletscherläufe brachte 1919 eine schwedische Expedition (WADELL 1920). Die Ausbruchstelle des Vulkans in den Grímsvötn konnte aber erst im Jahre 1934 genauer lokalisiert werden: Große Dampfsäulen stiegen bei der heftigen Eruption aus dem Eis auf. Die Grímsvötn-Caldera ist eine Eiseinsenkung, die durch wiederholte vulkanische Ausbrüche und durch erhöhte Erdwärme entstand. Sie hat eine Ausdehnung von etwa 35 km^2 und eine Tiefe von 300 - 400 m (THORARINSSON 1953). Das Gletschereis wird in der Caldera durch die geothermale Wärme ständig abgeschmolzen, was zu der Bildung eines subglazialen Sees führt. Sein Wasserspiegel wird von Zeit zu Zeit so lange von den Schmelzwässern angehoben, bis er eine kritische Höhe erreicht. Die gestauten Schmelzwässer überlaufen die unter dem Eis liegenden Höhenzüge, treten dann plötzlich als Jökulhlaup oder Gletscherläufe am Rand der Gletscherzungen aus und verursachen weit ausgedehnte Überschwemmungen in den Sandergebieten. Wie heftig Jökulhlaup sein können, zeigt z.B. der Ausbruch des Jahres 1934. Die Wassermassen, die an den Grímsvötn abschmolzen und unter der Gletscherzunge des Skeidarárjökull hervorschossen, hatten schätzungsweise eine Abflußmenge von insgesamt 7 km^3 und eine Wasserführung von etwa 45000 m^3/s. In gewissen Abständen wiederholen sich diese subglazialen Vorgänge - so in letzter Zeit in den Jahren 1954, 1960, 1965, 1972, 1976, 1982, 1986 und 1989 (RIST 1973, GRÖNVOLD & JOHANNESSON 1984, EINARSSON & BRANDSDOTTIR 1984, BJÖRNSSON & KRISTMANNSDOTTIR 1984).

Subglaziale Vulkanausbrüche wurden auch im Gletschergebiet des Mýrdalsjökull beobachtet. Hier liegt die Katla - ein rund 10000 Jahre alter Vulkan - mit einer Höhe von ca. 1250 m über dem Meeresspiegel. Sie wird von einer 250 - 300 m dicken Eisschicht bedeckt. Die Ausbrüche wie auch die ihnen folgenden relativ kurzen, aber heftigen Gletscherläufe kommen überraschend und sind sehr gefährlich. Die bislang letzte Eruption trat im Oktober 1918 ein, etwa gleichzeitig erfolgten weithin sichtbare Ascheauswürfe und Erdstöße. Die Schmelzwässer erreichten zeitweise eine maximale Wasserführung von bis zu 200000 m^3/s. Im Sommer des Jahres 1955 kam es noch einmal zu einem kleineren Gletscherlauf ohne sichtbare vulkanische Begleiterscheinungen. Mit einem erneuten Ausbruch der Katla wird gerechnet (SIGBJARNARSON 1973, BJÖRNSSON 1979).

4. Thermalgebiete und Quellwässer auf Island

Thermale Aktivität und Vulkanismus sind eng miteinander verbunden. Beiden ist der erhöhte Wärmefluß gemeinsam. So sind die Phänomene geothermischer Energie nahezu überall auf Island anzutreffen. Eine Ausnahme bildet der Osten, hier treten nur relativ wenige heiße oder warme Quellen auf. FRIDLEIFSSON (1979) führt dies darauf zurück, daß die Gänge und Verwerfungen von den Tälern und Fjorden in relativ kurzen Abständen durchkreuzt werden. Der Durchfluß des Wassers wird damit unterbrochen, es kann nicht genügend Wärme aus dem Wärmefluß des Bodens aufnehmen und speichern.

Im Jahre 1910 begann THORKELSSON systematisch, die heißen Quellen des Landes zu untersuchen. BODVARSSON stellte Überlegungen zur Theorie der Geothermik an, denen Meßserien in Bohrlöchern folgten (BODVARSSON & PÁLMASON 1961). Ein hydrologisches Modell wurde entwickelt über die Wechselwirkung von heißem Gestein und meteorischen Wässern mit dem Ergebnis, daß in Island nach **Niedrigtemperatur – und Hochtemperatur – Regionen** unterschieden wird.

Island hat einen sehr hohen geothermalen Gradienten. Er liegt in den tertiären Plateaubasalten bei 40 K/km und steigt bis zu 160 K/km im Bereich der pleistozänen Gesteinsformationen an. In der neo – vulkanischen Zone werden noch höhere Werte ermittelt (PÁLMASON 1980).

Nach den Berechnungen von BODVARSSON & PÁLMASON (1961) erreichen die Niedrigtemperatur – Gebiete bei einer Tiefenstufe von 1 km Temperaturen von 100°C. Der obere Grenzwert wird mit 150°C angegeben. In den Hochtemperatur – Gebieten liegen dementsprechend die niedrigsten Temperaturen bei diesem Wert. Meist werden aber 200°C bis 300°C erreicht. Messungen in 2 km Tiefe ergaben maximale Temperaturen von 340°C. Diese hohen Werte werden von dem aus der Mantelsphäre aufsteigenden Wärmestrom erzeugt.

Die Niedrigtemperatur – Gebiete befinden sich außerhalb der aktiven Vulkanzone, in den tertiären und auch in den quartären Bereichen. Die Hochtemperatur – Gebiete dagegen liegen ausnahmslos in der neo – vulkanischen Zone. Ihre Zahl beläuft sich auf 17 – 22 (FRIDLEIFSSON 1979, HJARTARSON 1979), (Abb. 5).

Eine klare Unterscheidung der heißen und warmen Quellen nach ihrer Lage in diesen Thermalzonen ist nicht möglich. Beide Typen liegen oft nahe beieinander, wie auf der Nordwest – Halbinsel oder am Eyjafjördur. Geysire gibt es in Hochtemperatur - Regionen, wie im Hengill - Gebiet auf Reykjanes und vor allem im Haukadalur, aber auch in Niedrigtemperatur - Bereichen, z.B. im Reykholtsdalur im Westen (FRIDLEIFSSON 1979). Eingehende Untersuchungen über den Mechanismus der Superthermen führten u.a. am großen Geysir (Stóri Geysir) und am Strokkur im Haukadalur BUNSEN (1847), TUXEN (1938), THORKELSSON (1940) und BARTH (1950) durch.

Generell kann aber festgestellt werden, daß die heißen Quellen von etwa 45° - 100°C auf die Niedrigtemperatur- Regionen verteilt sind. Als Folge des früheren Vulkanismus geben die aufgedrungenen Intrusivkörper oder Vulkanstöcke immer weiter Wärme an den Boden ab und heizen das vadose Wasser auf. So liegt eines der größten Systeme heißer Quellen bei Reykholtsdalur im Borgarfjördur, andere sind am Breidafjördur, auf der Nordwest - Halbinsel sowie im Bereich von Varmahlíd und Reykir am Skagafjördur oder im Eyjafjördur südlich der Stadt Akureyri. Das Wasser ist meist meteorischen Ursprungs und alkalisch in der Beschaffenheit (BARTH 1950, FRIDLEIFSSON 1979, CARLÉ 1980, GEORGSSON ET AL. 1984).

In den Gebieten des jungen Vulkanismus, in der neo - vulkanischen Zone, sind die heißen Quellen seltener. Dampfquellen - Solfataren und Fumarolen -, Schlammsprudel und eine intensive Gesteinszersetzung im Umfeld der Dampf- und Wasseraustritte kennzeichnen die Landschaft.

Nach Art des Quellmechanismus kommen auf Island folgende Heißwasserquellen vor:

- Heiße Überlaufquellen mit einem geringen ständigen Überlauf, wie u.a. die Blesi im Haukadalur,
- Kochquellen, die ständig brodeln und überlaufen bzw. intermittierend, rhythmisch brodeln und überlaufen, wie u.a. die Schwefeltherme Bláhver im Hveravellir, die Deildartunga im Reykjadalur, Südwest - Island,
- Geysire oder Springquellen, die intermittierend stark siedendheißes Wasser ausstoßen; die Eruptionen erfolgen in relativ gleichmäßigen Intervallen, wie u.a. bei dem Strokkur im Geysirfeld von Haukadalur, der Gryta und Litli Gufudalur in Hveragerdi (HÖLL 1971).

Warme Quellen mit Temperaturen zwischen 20° - 45°C, aber auch Quellen bis zu maximal 20°C, sind in fast allen Landesteilen anzutreffen. Von FRIDLEIFSSON

(1979) und GEORGSSON ET AL. (1984) wird die gesamte Schüttung der Heiß- und Warmwasserquellen in den Niedrigtemperatur- Regionen auf ca. 1828 l/s geschätzt, ohne Einbeziehung der durch Bohrungen erschlossenen Wasservorkommen. So befindet sich im Reykjadalur bei Deildartunga die größte heiße Quelle Islands mit einer Schüttung von 180 - 250 l/s (SCHWARZBACH & NOLL 1971, GEORGSSON ET AL. 1984). Relativ gering ist vergleichsweise die Gesamtschüttung der etwa 20 kalten und warmen Säuerlinge auf der Halbinsel Snaefellsnes, die von ARNORSSON & BARNES (1983) auf 10 l/s geschätzt wird. Bei diesen Quellen bewegt sich der CO_2 - Gehalt zwischen 300 und 4000 mg/kg (MÜNZER 1989).

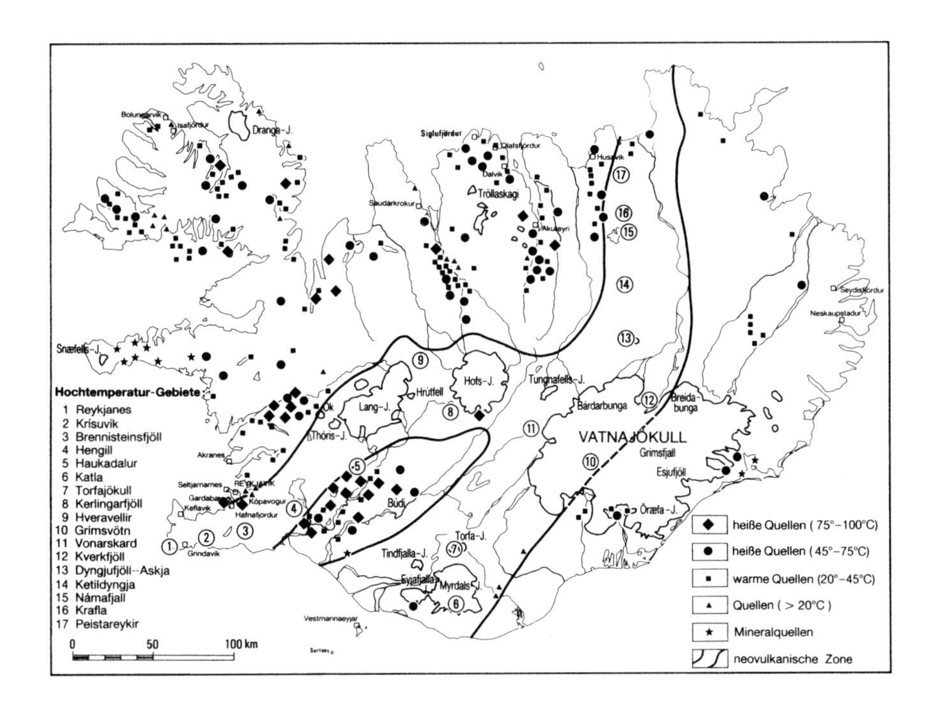

Abb. 5: Geothermische Regionen und Quellvorkommen (nach SCHWARZBACH & NOLL 1971, FRIDLEIFSSON 1979, SCHUTZBACH 1985)

Die Nutzung der geothermischen Energie für die Beheizung und Warmwasserversorgung von Gebäuden ist für Island ein wichtiger ökonomischer Faktor: Mehr als 80 % der Gebäude sind wie auch die Schwimmbäder und Gewächshäuser an eine natürliche Heißwasseranlage angeschlossen. Bei der Stromversorgung spielt demgegenüber die Nutzung der Wasserkraft eine bedeutende Rolle – es gibt praktisch nur 2 kleinere geothermische Kraftwerke im Námafjall – Krafla – Gebiet, die nicht weiter ausgebaut werden. CARLÉ (1980) schätzt das geothermische Energiepotential Islands auf 80.000 GWh/a, wovon nur ein knappes Drittel technisch genutzt wird. Der "Economist" (9.1.1988) hält es sogar für durchaus möglich, daß Island in Zukunft Elektrizität, die mit geothermischen und hydro – elektrischen Projekten gewonnen wird, nach Großbritanien und Nordirland exportiert und damit ca. 5 % des dortigen Bedarfs deckt (etwa 2000 MW).

Foto 1: Schildvulkan Trölladyngja (1460 m ü. NN) im Zentrum Islands mit Schlackenkegel im Vordergrund (Foto U. MÜNZER)

Foto 2: Luftaufnahme (10.9.86) der Eruptionsspalte Eldgjá und des Myrdalsjökull im Hintergrund in südwestlicher Blickrichtung (Foto U. MÜNZER)

Foto 3: Tafelvulkan Herdubreid (1682 m ü. NN) in der Odádahraun mit Schildvulkan Kollótta-dyngja im Hintergrund rechts (Foto U. MÜNZER)

Foto 4: Pleistozänes Vulkanmassiv des Dyngjufjöll mit der Askja Caldera, 12 km^2 großen Öskjuvatn und dem 1875 entstandenen Explosionskrater Víti (Foto U. MÜNZER)

Foto 5: Luftaufnahme (3.9.86) einer nordöstlichen Gletscherzunge des Mýrdalsjökull und der ihr vorgelagerten Endmoränenwälle im Maelifellssandur (Foto U. MÜNZER)

Foto 6: Luftaufnahme (12.8.86) von sich weit verzweigenden Gletscherflüssen im Skeidarársandur (Foto U. MÜNZER)

Foto 7: Luftaufnahme (11.8.86) einer Einmundung von Gletscherflüssen des Skeidarársandur in den Atlantik (Foto U. MÜNZER)

Foto 8: Luftaufnahme (15.9.86) vom Hochtemperaturgebiet Hengill mit seinen Thermalfeldern bei Nesjavellir und dem Thingvallavatn im Hintergrund (Foto U. MÜNZER)

Literaturhinweise

ARNÓRSSON,S., BARNES, J. (1983): The Nature of Carbon Dioxide Waters in Snaefellsnes, Western Iceland.
- Geothermics, Vol. 12, No. 2/3, S. 171 – 176; Oxford.

BEMMELEN, R.W., VAN RUTTEN, M.G. (1955): Table mountains of Northern Iceland.
- Leiden.

BARTH, T.F.W. (1950): Volcanic Geology, Hot Springs and Geysers of Iceland.
- Carnegie Inst., Publication 587 ; Washington.

BJÖRNSSON, A. ET AL. (1977): Current rifting episode in north Iceland.
- Nature, Vol. 266, No. 5600, S. 318 – 323; London.

BJÖRNSSON, H. (1979): Glaciers in Iceland.
- Jökull, 29. Jg., S. 74 – 80; Reykjavík.

BJÖRNSSON, S. (1981): Crust and upper Mantle beneath Iceland.
- Rauhnvísindastofnun Háskólans, RH – 81 – 10; Reykjavík.

BJÖRNSSON, S., KRÍSTMANNSDOTTIR, H. (1984): The Grimsvötn Geothermal Area, Vatnajökull, Iceland.
- Jökull, 34. Jg., S. 25 – 48; Reykjavík.

BODVARSSON, G. (1961): Physical characteristics of natural heat resources in Iceland.
- Jökull, 11.Jg.1, S. 29 – 38; Reykjavík.

BODVARSSON, G., PÁLMASON, G. (1961): Exploration of subsurface temperature in Iceland.
- Jökull, 11. Jg., S. 39 – 48; Reykjavík.

BUNSEN, R.W. (1847): Physikalische Beobachtungen über die hauptsächlichsten Geysire Islands.
- Poggendorffs Annalen der Physik und Chemie, Bd. 72, S. 159 – 170; Leipzig.

CARLÉ, W. (1980): Dampfquellen, Thermalwässer und Säuerlinge in Island.
- Geol. Jb., C 26, S. 3 – 125; Hannover.

DAGLEY, P. Et AL. (1967): Geomagnetic Polarity Zones for Icelandic Lavas.
- Nature, Vol. 216, S. 25 – 29; London.

EINARSSON, P., BJÖRNSSON, S. (1979): Earthquakes in Iceland.
- Jökull, 29. Jg., S. 37 – 43; Reykjavík.

EINARSSON, P., EIRÍKSSON, J. (1982): Earthquake Fractures in the Districts Land and Rangarvellir in the South Iceland Seismic Zone.
- Jökull, 32. Jg., S. 113 – 120; Reykjavík.

EINARSSON, P. ET AL. (1982): Skjálftabréf.
- Raunvísindastofnun Háskólans, Nr. 47,48,49,51; Reykjavík.

EINARSSON, P., BRANDSDOTTIR, B. (1984): Seismic Activity preceding and during the 1983 Volcanic Eruption in Grímsvötn, Iceland.
- Jökull, 34. Jg., S. 13 – 23; Reykjavík.

EINARSSON, TH. (1960): The plateau basalt areas in Iceland.
- in: On the geology and geophysics of Iceland, Guide to excursion A 2, Int. Geol. Congr. Norden, 21. session, S. 5 – 20; Reykjavík.

EINARSSON, TH. (1973): Jardfraedi.
- Heimskringla; Reykjavík.

FRIEDRICH, W. (1966): Zur Geologie von Brjanslaekur (Nordwest – Island) unter besonderer Berücksichtigung der fossilen Flora.
- Sonderveröffentlichung des Geol. Inst. der Universität Köln, Heft Nr. 10; Bonn.

FRIDLEIFSSON, I.B. (1979): Geothermal activity in Iceland.
- Jökull, 29. Jg., S. 7 – 56; Reykjavík.

GEORGSSON, L. ET AL. (1984): Geothermal Exploration of the Reykholt Thermal System in Borgarfjördur, West Iceland.
- Jökull, 34.Jg., S. 105 – 115; Reykjavík.

GERKE, K., MÖLLER, D., RITTER, B. (1978): Geodätische Lagemessungen zur Bestimmung horizontaler Krustenbewegungen in Nordost – Island.
- Sonderdruck aus: Festschrift für Walter Höpcke zum 70. Geburtstag, Nr. 83; Hannover.

GIBSON, I., PIPER, J. (1972): Structure of the Icelandic Basalt Plateau and the Process of Drift.
- Philosophical Transactions of the Royal Society of London, vol. 271, S. 141 – 150; London.

GRÖNVOLD, K., JOHANNESSON, H. (1984): Eruption in Grímsvötn 1983.
- Jökull, 34. Jg., S. 1 – 8; Reykjavík.

HJARTARSON, A. (1979): Explanatory Notes on the International Hydrogeological Map of Europe 1:500.000, Sheet B 2, Iceland.
- Orkustofnun; Reykjavík

HÖLL, K. (1971): Die heißen Quellen und Geysire Islands, ihre chemische Beschaffenheit und Verwendbarkeit.
- Berichte aus der Forschungsstelle Nedri As, Nr. 6; Hveragerdi.

JAKOBSSON, S.P. (1979): Petrology of recent basalts of the Eastern volcanic zone, Iceland.
Acta Naturalia Islandica, 2 (26); Reykjavík.

KNEBEL, W. VON, RECK, H. (1912): Island eine naturwissenschaftliche Studie.
- Stuttgart.

LARSEN, G. (1979): Um aldur Eldgjáhrauna.
- Náttúrufraedingurinn, 49 (1), S. 1 – 26; Reykjavík.

MEYER, H.H., VENZKE, J.F. (1984): Der Klaengshóll – Kargletscher in Nordisland.
– Natur und Museum, Bericht der Senkenbergischen Naturforschenden Gesellschaft, Bd. 115, H. 2, S. 29 – 46; Frankfurt.

MÖLLER, D. (1980): Geodätische Messungen in Nordost – Island – Ein Beitrag zur Bestimmung rezenter Krustenbewegungen.
– Berliner Geowiss. Abhandl. Reihe A, Bd. 19, Intern. Alfred – Wegener – Symp. IAWS 1980, S. 150 – 152; Berlin.

MÜNZER, U. (1985): Iceland – Volcanoes, Glaciers, Geysers – .
– Herrsching, Luzern.

MÜNZER, U. (1989): Quellvorkommen, Gewässernetz und Bruchsysteme auf Island – eine Untersuchung mit Satelliten – und Luftbildverarbeitungen sowie Wasseranalysen.
– Diss. Univ. München; München.

NOLL, H. (1967): Maare und maar – ähnliche Explosionskrater in Island.
– Sonderveröffentlichung des Geol. Inst. der Universität Köln, Heft Nr. 11; Bonn.

PÁLMASON, G. (1980): Geothermal energy.
– Náttúrufraedingurinn 50, S. 147 – 156; Reykjavík.

RIST, S. (1973): Jökulhlaupaanáll 1971, 1972 og 1973.
– Jökull, 23. Jg., S. 55 – 60; Reykjavík.

SAEMUNDSSON, K. (1974): Evolution of the Axial Rifting Zone in Northern Iceland and the Tjörnes Fracture Zone.
– Bulletin of the Geol. Society of America, Vol. 85, S. 495 – 504; Washington.

SAEMUNDSSON, K. (1978): Fissure Swarms and Central Volcanoes of the Neovolcanic Zones of Iceland.
– Geol. Journ., 10, S. 415 – 431; Liverpool.

SAEMUNDSSON, K. (1979): Outline of the geology of Iceland.
– Jökull, 29. Jg., S. 7 – 28; Reykjavík.

SAPPER, K. (1908): Über einige isländische Vulkanspalten und Vulkanreihen.
– Neues Jahrb. f. Mineralogie, Geologie u. Paläontologie, Jahrg. 1908, Bd. 26, S. 1 – 43; Stuttgart.

SCHÄFER, K. (1972): Transform Faults in Island.
– Geol. Rundschau, 61 (3), S. 942 – 960; Stuttgart.

SCHUTZBACH, W. (1985): Island – Feuerinsel am Polarkreis – .
– Bonn.

SCHWARZBACH, M. (1975): Geologenfahrten in Island.
– 4. Auflage; Ludwigsburg.

SCHWARZBACH, M., NOLL, H. (1971): Geologischer Routenführer durch Island.
- Sonderveröffentlichung d. Geol. Inst. d. Universität Köln, Nr.20; Bonn.

SIGBJARNARSON, G. (1973): Katla and Askja.
- Jökull, 23. Jg., S. 45 – 51; Reykjavík.

SIGURGEIRSSON, TH. (1967): Aeromagnetic Surveys of Iceland and its Neighbourhood.
- In: Iceland and Mid – Ocean Ridges – Vísindafélag Islandinga, S. 91 – 96; Reykjavík.

SPICKERNAGEL, H. (1980): Hebungen und Senkungen im Nordosten von Island.
- Das Markscheidewesen 87, Nr.1, S.159 – 166; Essen.

TESSENSOHN, F. (1976): Lineare und zentrische Elemente im geologischen Bau Islands.
- Geol. Jb., 20, S. 57 – 95; Hannover.

THÓRARINSSON, S. (1949): Some Tephrochronological Contributions to the Volcanology and Glaciology of Iceland.
- Geografiska Annaler, 31 Jg., S. 239 – 256; Stockholm.

THÓRARINSSON, S. (1953): The Grímsvötn Eruption, June – July 1953.
- Jökull, 3. Jg., S. 6 – 22; Reykjavík.

THÓRARINSSON, S. (1959): Die Vulkane Islands.
- Naturwissenschaftliche Rundschau, 13. Jahrgang, Heft 3, S. 81 – 87; Stuttgart.

THÓRARINSSOM, S. (1969): The Lakagígar Eruption of 1783.
- Bulletin Volcanologique, Vol. 33, S. 910 – 929; Neapel.

THÓRARINSSON, S. (1969): Surtsey – the new Island in the North Atlantic.
- London.

THÓRARINSSON, S. (1970): Hekla – a notorious Volcano.
- Almenna bókafelagid; Reykjavík.

THÓRARINSSON, S. (1979): Tephrochronology and its application in Iceland.
- Jökull, 29. Jg., S. 33 – 36; Reykjavík.

THÓRARINSSON, S., EINARSSON, T., KJARTANSSON, G. (1959): On the Geology and Geomorphology of Iceland.
- Geografiska Annaler, Hefte 2 – 3, S. 135 – 169; Stockholm.

THORKELSSON, TH. (1910): The hot springs of Iceland.
- Det Koneglige videnskabernes Selskab Skrifter, Afdeling 7. Raekke, Bd.4, S. 185 – 220; Kopenhagen.

THORKELSSON, TH. (1940): On Thermal Activity in Iceland and Geyser Action. – Vísindafélag Islendinga, Bd.25; Reykjavík.

TUXEN, S.L. (1938): Bemerkungen über die erneuerte Aktivität des Großen Geysir in Haukadalur.
- Vísindafélag Islendinga, Bd. 23; Reykjavík.

WADELL, H. (1920): Vatnajökull. Some Studies and Observations from the Greatest Glacial Area in Iceland.
– Geografiska Annaler, 2. Jg., S. 300 – 323; Stockholm.

WALKER, G.P.L. (1964): Geological Investigations in Eastern Iceland.
– Bulletin Volcanologique, Vol. 27, S. 29 – 63; London.

WALKER, G.P.L. (1975): Excess spreading axes and spreading rate in Iceland.
– Nature, 255 (N. 5508), S. 468 – 471; London.

WARD, P.L. (1971): New Interpretation of the Geology of Iceland.
– Bulletin of the Geological Society of America, Vol. 82, S. 2991 – 3012; Washington.

WILSON, J.T. (1973): Mantle plumes and plate motions.
– Tectonophysics, 19, S. 149 – 164; Amsterdam.

Datierung neuzeitlicher Gletschervorstöße im Svarfadardalur/Skidadalur (Nordisland) mit einer neu erstellten Flechtenwachstumskurve

O. Kugelmann
Institut für Geographie
Ludwig - Maximilians - Universität München

Abstract

A new lichenomtric curve is presented for the Svarfadardalur/Skidadalur area of north Iceland developed on the basis of 19 dated surfaces, including abandoned farmstead or vins, grave stones, memorial stones, bridges and a mudflow. The growth rate for Rhizocarpon geographicum agg. is found to be 44 mm per 100 years, a lower figure than that previously adopted in the area and in southern Iceland. Errors in the construction of earlier lichen growth curves in Iceland are outlined and the new curve used to date moraines of recent age in a number of valleys. Use of 10 year running means on these results show glacier advances at ca. 1810, 1850, 1870 - 80, 1890 - 1900, 1920's and 1940's, and comparison with similarly treated sea ice data shows possible correlations for the late 19th century and possibly: the 1920's.

1. Einleitung

In unserer Zeit wird dem Problem der Klimaänderungen sehr große Bedeutung zugemessen. Um über das Klima in früheren Zeiten Kenntnisse zu erhalten, gibt es verschiedene Wege. Das Verhalten der Gletscher, das eng mit den Änderungen des Klimas gekoppelt ist, kann uns solche Hinweise geben. Inbesonders das Verhalten der Gletscher auf Island, der *Wetterküche* Europas, muß in solche Untersuchungen miteinbezogen werden. In dieser Arbeit wird der Versuch gemacht, unter Anwendung der Lichenometrie Gletschervorstöße in der Neuzeit zu datieren. Die Untersuchungen wurden im Norden Islands, im Tröllaskagigebirge, im Talsystem von Svarfadardalur und Skidadalur durchgeführt. Dort treten kleine Tal- und Kargletscher alpinen Typs auf, die rasch auf Klimaänderungen reagieren.

2. Kenntnisstand zur neuzeitlichen Gletschergeschichte Islands

Kenntnisse über das Verhalten der Gletscher Islands in der Neuzeit liegen vorwiegend von den Auslaßgletschern der großen Eiskappen vor. Dabei handelt es

sich um Aufzeichnungen in der Literatur und in Quellen, die vor allem dann gemacht wurden, wenn die Gletscher in bewirtschaftetes Land vorstießen und Schaden an landwirschaftlichen Flächen, an Gebäuden oder Wegen anrichteten.
THORODDSEN suchte am Ende des letzten Jahrhunderts die meisten Gletscher Islands auf, beschrieb sie und trug die Angaben aus der Literatur und den Quellen zusammen. Seine Ergebnisse veröffentlichte er in umfangreichen Arbeiten in den Jahren 1895 und 1906. Aufbauend auf diesen Ergebnissen wurden weitere Zusammenfassungen von BARDARSON (1934), AHLMANN (1937) und THORARINSSON (1943) veröffentlicht.
Bei einer kritischen Betrachtung dieser Literatur zeigt sich jedoch, daß in diesen Arbeiten teilweise Widersprüche auftreten, zum Teil nicht eindeutige Zusammenfassungen der Ergebnisse erfolgten, die bis heute unkritisch und falsch übernommen und weitergegeben wurden. Problematisch für die Auswertung dieser Literatur zur Erhellung der neuzeitlichen Gletschergeschichte ist zudem, daß bei diesen Angaben meist nicht genau zu folgern ist, ob die Gletscher ihre Maximalausdehnung erreichten oder nur sehr weit vorgerückt waren.
Unter Berücksichtigung dieser Probleme lassen sich verschiedene Vorstoßphasen herausarbeiten. Sie erfolgten vor allem in der Zeit nach 1750, um 1850, um 1870 und um 1890. Viele Gletscher dürften um 1850 ihre neuzeitliche Maximalausdehnung erreicht haben.
Eine detailiertere Untersuchung führte EYTHORSSON (1935) an den Auslaßgletschern des Drangajökul durch. Er ermittelte Vorstöße im 18. Jahrhundert, um 1840/50, verstärkt um 1860/70 und im 20. Jahrhundert (1914, 1920/25). Ohne Erklärung schließt er in seiner Zusammenfassung auf Vorstöße am Ende des 16.Jahrhunderts und in der ersten Hälfte des 18. Jahrhunderts.
Ab Mitte der 30er Jahre bis 1940 und ab Mitte der 40er Jahre kam es nach JOHN & SUDGEN (1962) wieder zu Vorstößen am Kaldalonsjökull.
Nach HJORT ET AL. (1985) entstanden im *Little - Ice - Age* sieben bis zehn Kargletschern neu, die ihre Maximalausdehnung um 1860, vielleicht auch schon etwas früher erreichten. Heute sind nur noch vier Kargletscher und einige Firnfelder vorhanden.
Von Tal- und Kargletschern alpinen Typs, an denen die hier vorgestellten Untersuchungen im Tröllaskagigebiet durchgeführt wurden, liegen Datierungen von CASELDINE (1983, 1985, 1987) vor, auf die später noch eingegangen wird.

3. Lichenometrie und ihre Anwendung in Island

Das von BESCHEL (1950, 1954, 1957, 1961, 1965) entwickelte und angewandte

Verfahren zur Altersbestimmung von Ablagerungen mit Hilfe der Lichenometrie, basiert auf der langsamen Größenzunahme epipetrisch wachsender Flechtenlager mit der Zeit.

Nach der Ablagerung von Gesteinsmaterial oder dem Eisfreiwerden eines Gebietes siedeln sich auf den freiliegenden Gesteinsoberflächen "alsbald" (BESCHEL 1950 S. 152) Gesteinsflechten an. Es dauert geraume Zeit bis das Flechtenlager makroskopisch sichtbar wird. Danach erfolgt über eine kurze Zeit von höchstens "ein paar Jahrzehnten" (BESCHEL 1950 S. 152) eine relative Beschleunigung des Größenwachstums. Diese Periode wurde schon von NIENBURG (1919 zit. in BESCHEL 1950) als "große Periode" beschrieben. Danach folgt eine konstante Zunahme der Größe über oft viele Jahrhunderte (BESCHEL 1950 S. 152, Abb. 1).

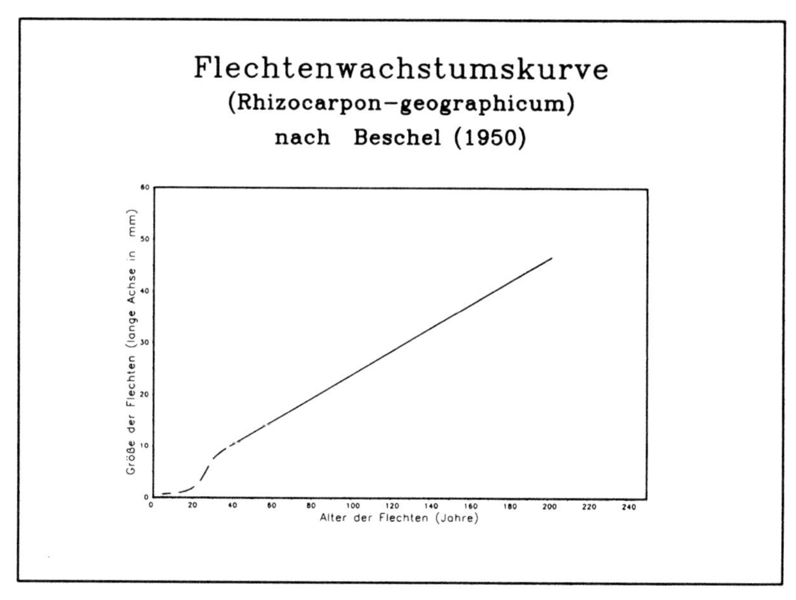

Abb. 1: Flechtenwachstumskurve nach BESCHEL

In neuerer Zeit wurde diese Methode vor allem von englischsprachigen Wissenschaftlern angewendet. Dabei entstanden begrifflich wie auch methodisch einige Unklarheiten und Pobleme.

BESCHEL (1950) verwendete zuerst den Durchmesser des größten Inkreises, später aber (BESCHEL 1954,1957,1965) den größten Durchmesser. Da das Wachstum, falls nicht zusätzlich Feuchtigkeit herangeführt wird, nicht beschleunigt werden kann (KARLEN in LOCKE ET AL. 1980 S. 7), entspricht der größte Durchmesser den Standortbestimmungen, der kleinste Durchmesser stellt dagegen eine Behinderung des Wachstums dar (HEUBERGER 1971 S. 177/178). Dennoch äußerte

sich BESCHEL (1961) nicht eindeutig über den zu messenden Parameter. Unter Berufung auf diese Arbeit schlagen LOCKE ET AL. (1980) in ihrem "A manual for lichenometry" vor, den kleinsten Durchmesser zu messen. Dies wurde dann unter anderem auch von CASELDINE (1983,1985,1987) und GORDON & SHARP (1983) befolgt. CASELDINE (persönliche Mitteilung 1988) tendiert inzwischen aber dazu, die längste Achse zu messen.
Große Unklarheiten bestehen auch über den Verlauf der Wachstumskurven und die Bezeichnung der einzelnen Wachstumsphasen. Neben der Berücksichtigung eines "colonisation lag" wird vor allem auch der Begriff der "großen Phase" in Bezugnahme auf BESCHEL (1950) falsch gebraucht.
INNES (1985a), der eine umfassende Darstellung der Lichenometrie versucht, unterteilt die Wachstumskurve in drei Phasen, eine prälineare, eine lineare und eine postlineare. Er beruft sich dabei auf BESCHEL (1950,1961) und setzt fälschlicherweise die "große Periode" mit der linearen Wachstumsphase gleich. Zum anderen führt er ARMSTRONG (1974) an, der zwar eine Dreiteilung beim relativen Wachstum ermittelte. Für das radiale Wachstum, das für die Datierungen verwendet wird, sieht er keinen Grund, von einer postlinearen Phase zu sprechen ("There is no evidence for a postlinear phase in the radial growth of a lichen thallus" (ARMSTRONG 1976 S. 309)). Große Differenzen ergeben sich bei den Autoren für die Andauer des beschleunigten Wachstums. BESCHEL (1950,1957) spricht von 4 - 8 Jahren bis höchstens ein paar Jahrzehnten, WEBBER & ANDREWS (1973 S. 298,299) geben in ihrer Zusammenstellung bis zu 500 Jahre an und LOCKE ET AL. (1980 S. 28) sprechen von 200 - 400 Jahren. So ist neben grundsätzlichen Problemen bei der Methode, auf die schon JOCHIMSEM (1966, 1973) hinweist und die WORSLEY (1981) zur Ablehnung dieser Methode veranlassen, auf die hier nur kurz angeschnittenen methodischen Unterschiede beim Vergleich von Ergebnissen zu achten.
Dennoch stellt die Lichenometrie bei entsprechender Berücksichtigung von Fehlerquellen und entsprechenden Genauigkeitsanforderungen eine einfache, im Feld gut anwendbare Methode dar. BESCHEL (1957) schätzte die Fehlergrenze in den Alpen auf 5% , CURRY (1970 zit. in HEUBERGER 1971) ermittelte im Vergleich zu Radiokarbondatierungen Abweichungen von bis zu 10%. Einige Flechtenkurven mit maximalen Wachstumsraten in verschiedenen Gebieten der Erde stellen WEBBER & ANDREWS (1973) zusammen.
In Island wurde die Lichenometrie in den letzten Jahrzehnten mehrfach angewendet (JAKSCH 1970, 1975, 1984, GORDON & SHARP 1983, MAIZELS & DUGMORE 1985, CASELDINE 1983, 1985, 1987, MEYER & VENZKE 1985). Dabei wurde von den ersten drei Autoren auf einem Moränenwall, dessen Ablagerungs-

datum als bekannt angenommen wurde, die größte vorkommende Flechte gemessen und deren Wachstumsrate bestimmt. Mit dieser Wachstumsrate wurden dann die Alter der Flechten auf den anderen Moränen berechnet. Diese Art der Anwendung ist sehr fragwürdig, da zur Bestimmung der Wachstumsrate nur ein einziger Wert herangezogen wurde. Noch gravierender wirkt sich jedoch die Tatsache aus, daß das angenommene Ablagerungsdatum der Moräne, die zur Bestimmung der Wachstumsrate der Flechten herangezogen wurde, zum Teil in der Literatur nicht eindeutig erwähnt ist. Zum Teil wurden von Autoren auch falsche Angaben aus der, wie oben schon erwähnt, nicht immer widerspruchsfreien Literatur kritiklos und falsch verwendet. Dies wird im folgenden kurz aufgezeigt.

Als Pionier der Lichenometrie in Island wird allgemein JAKSCH (1970,1975,1984) angeführt. Er maß im Süden am Solheimajökull auf einem Wall, von dem er nicht sicher war, ob er von 1930 stammt (JAKSCH 1970 S. 46), Rhizocarpon geographicum mit einer Größe von 2.5 cm. Daraus schloß er für die 5 cm großen Flechten auf dem äußersten Moränenwall auf ein Alter von 80 - 90 Jahren und einen Maximalvorstoß in der 2.Hälfte des 19. Jahrhunderts "vielleicht um 1890" (JAKSCH 1970 S. 46). Bei einem erneuten Besuch fand er dann auf einer 15 Jahre alten Moräne Flechten von einigen Millimetern. Die äußersten Moränen "gehen auf einen Gletschervorstoß von 1890 zurück" (JAKSCH 1975 S. 35), was fünf Jahre zuvor nur als Möglichkeit angesehen wurde.

THORODDSEN beschreibt hingegen, daß der Gletscher um 1860 auf die äußersten Moränen hinausging und "sich dann seit 1860 wieder zurückgezogen" (THORODDSEN 1906 S . 83) hat. Nach BARDARSON (1934) bedeckte der Gletscher im Jahre 1860 die Felshöhe "Jökulhöhfud" und reichte bis zur Moräne, die 1893 etwa 100 m vom Gletscher entfernt war.

Eine weitere unsichere Altersangabe legt JAKSCH (1975 S. 35) für seine Datierungen Flaajökull zugrunde. Nach ihm sei es bekannt, daß der maximale Vorstoß um 1890 gewesen ist. Dies ist aus den Angaben von THORODDSEN (1906 S. 198) nicht zu schließen. Nach BARDARSON (1934 S. 19) gibt es Berichte, wonach sich dieser Gletscher in den Jahren 1860 - 1870 mit dem angrenzenden Heinabergsjökull berührt haben soll (EIRIKSSON 1932). In der Karte von 1903 war zwischen den Gletschern bereits ein Abstand von 1800 m. BARDARSON (1934 S. 19) verweist auf THORODDSEN, der berichtet "daß der Gletscher sich 1894 bis zur Moräne erstreckt. Es ist aber unbestimmt, welche von den Moränen gemeint ist."

Einen weiteren *Datierungsversuch* mit der Lichenometrie unternahm JAKSCH (1970, 1984) am Sidujökull. Hier wurde mangels Angaben einfach die Datierung vom Solheimajökull ('vielleicht um 1890') übernommen (JAKSCH 1984). 1970 hatte er den größten Vorstoß erst im 20. Jahrhundert vermutet.

Eine weitere Anwendung der Lichenometrie erfolgte von MAIZELS & DUGMORE (1985) am Solheimajökull. Sie greifen auf die fragwürdigen Annahmen und Ergebnisse von JAKSCH zurück. Anhand der 50 mm großen Flechte berechneten sie eine Wachstumsrate von 73 mm pro 100 Jahre, obgleich eine Regression der vier von JAKSCH (1975) gegebenen Werte 59 mm pro 100 Jahre ergibt. Sie verwendeten unverständlicherweise einen *time - lag* für die Kolonisation von 15 Jahren, obwohl JAKSCH (1975) auf einer 15 Jahre alten Moräne am selben Gletscher bereits Flechten von einigen Millimetern gefunden hatte.
Eine weitere Wachstumsrate für *Rhizocarpon geographicum* ermittelten GORDON & SHARP (1983) am Breidarmerkurjökull. Die Ablagerung der äußersten Moräne wird im Jahre 1894 angenommen. In der Literatur findet man darüber etwas fragwürdige Aussagen. THORODDSEN besuchte 1894 den Gletscher und schreibt: "Der kürzeste Abstand von den Moränen bis zum Strandwall betrug hier nur 213 m und weiter bis zur äußersten Gletscherspitze 43 m,..., und der niedrigste Rand des Gletschers infolge eines von mir ausgeführten Nivellements nur 9 m ü. M." (THORODDSEN 1906 S. 196). "Das Gletscherende befand sich 1894 nur 9 m ü. M., aber nach HELLAND 1881 20 m ü. M.; der Gletscher hat sich jedoch in den letzten Jahren etwas zurückgezogen" (THORODDSEN 1906 S. 195).
Bei seiner Zusammenfassung der Gletscherschwankungen der letzten 250 Jahre in Island schreibt THORARINSSON (1943 S. 29) "1894: Shortest distance glacier - beach 256 m,..." . Daraus wird nachfolgend für Island in der Literatur für 1894 ein Gletscherhochstand, ja sogar die neuzeitliche Maximalausdehnung der Gletscher abgeleitet, die wohl nur darauf zurückzuführen ist, daß THORODDSEN in diesem Jahr diesen Gletscher besuchte. Anhand der Aussage von THORODDSEN (1906) betrug die Entfernung von der Moräne bis zur äußersten Gletscherspitze 43 m. Somit ist es nicht angebracht, von der größten Ausdehnung des Gletschers in diesem Jahr auszugehen.
Anhand der angenommenen 1894er - Moräne ermittelten GORDON & SHARP (1983) eine Wachstumsrate von 0.675 mm pro Jahr für den größten einbeschriebenen Kreisdurchmesser, am benachbarten Skalafellsjökull von 60 mm (kurze Achsen) und 77 mm (lange Achsen), was bei einer 15 - jährigen Kolonisationszeitverzögerung Wachstumsraten von 0.769 mm pro Jahr bzw 0.987 mm pro Jahr ergibt. Obgleich die Verteilung ihrer Punkte zur Berechnung der Regression eine lineare Beziehung ergibt, verweisen sie auf ein mit der Zeit zunehmend geringeres Wachstum für die ersten Jahre nach der Kolonisation. Die ermittelten Wachstumsraten passen nach ihrer Aussage (GORDON & SHARP 1983 S. 197) gut zu den

von WEBBER & ANDREWS (1973) veröffentlichten Werte, wobei aber zu erwähnen ist, daß die maximalen dort aufgeführten Werte 90 und 93 mm pro 100 Jahre betragen (WEBBER & ANDREWS 1973 S. 298,299). Ob dabei die lange oder die kurze Achse gemessen wurde, ist nicht erwähnt.
CASELDINE hingegen erstellt eine Wachstumskurve anhand der Flechten auf Objekten, deren Alter bekannt ist. Er war somit der erste, der den Versuch unternahm, für diese Methode eine Grundlage zu schaffen und deren Anwendung abzusichern. Aufgrund der geringen Anzahl von Meßpunkten weicht die von ihm ermittelte Wachstumskurve aber deutlich von der im Punkt 5 ermittelten Kurve ab.

4. Fragestellung

Für die Untersuchungen zur neuzeitlichen Gletschergeschichte im Gebiet von Skidadalur und Svarfadardalur ergaben sich somit folgende Aufgaben.

1. Erstellung einer Flechtenwachstumskurve anhand von Flechten auf möglichst vielen altersbekannten Objekten.

2. Kartierung der Moränen in Gletschervorfeldern, Bestimmung der Größe der dort vorkommenden Flechten und Altersdatierung an der ermittelten Flechtenwachstumskurve.

3. Vergleich der Gletschervorstoßphasen mit Klimadaten (Temperatur, Niederschlag) und den Drifteisverhältnissen um Island.

5. Erstellung einer Flechtenwachstumskurve

Im Untersuchungsgebiet wurden elf aufgelassene Farmen oder Gebäude, fünf Grab- und Gedenksteine sowie von J. STÖTTER ein Murgang und zwei Brükkenfundamente ausgemacht, die zur Altersbestimmung der dort wachsenden Flechten *Rhizocarpon geographicum agg.* (INNES 1985b) herangezogen werden konnten. Sie verteilen sich im ganzen Talgrund von der Talmündung bis 25 km ins Skidadalur hinein (Abb. 2) auf ein Höhenintervall von wenigen Metern ü.M. bis etwa 300 m ü.M. (Sveinsstadir).

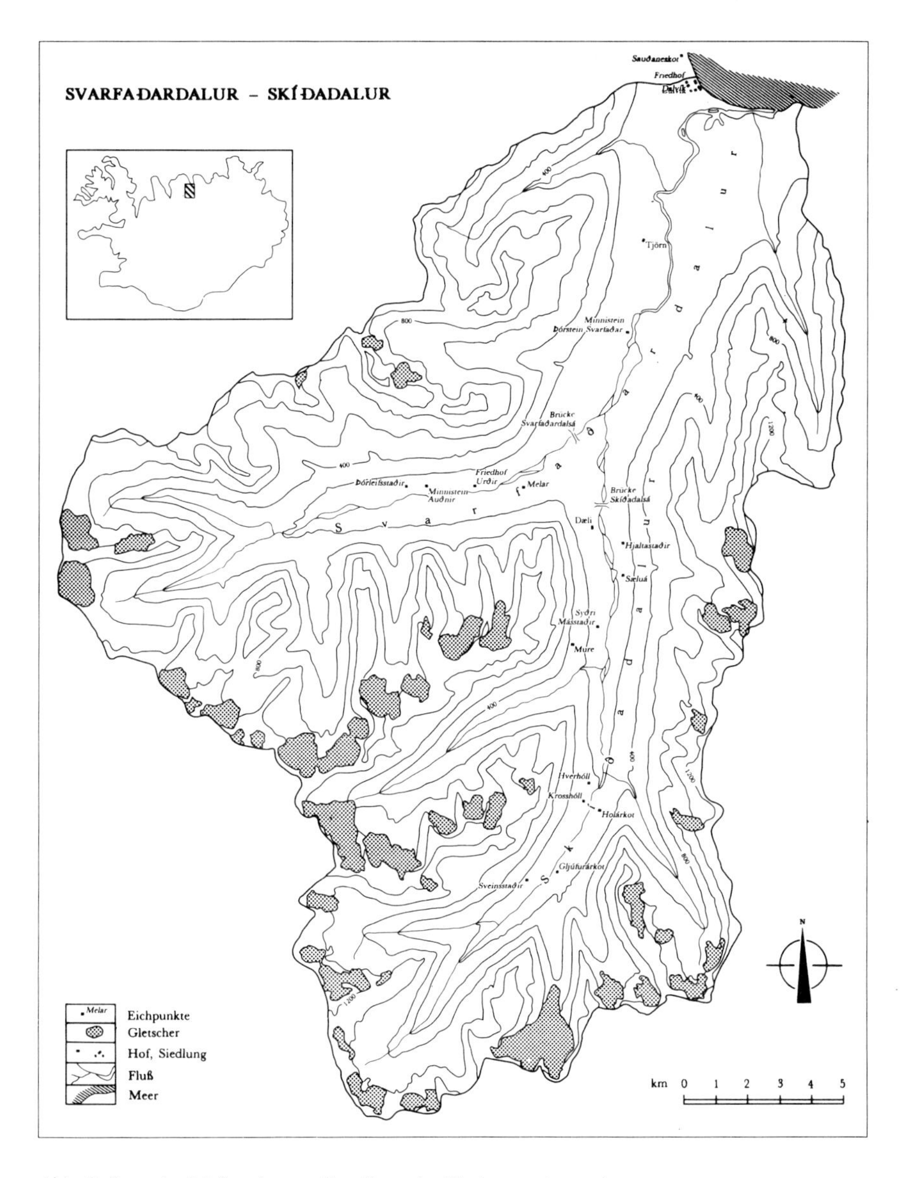

Abb. 2: Lage der Meßpunkte zur Erstellung der Flechtenwachstumskurve

Bei den Farmen wurden nur Flechten auf der Ober- und Innenseite der aus Steinen errichteten Sockel gemessen. Bis zum Beginn der Freilegung der Steinmauern durch die Zerstörung des Torfdaches und dem dann erst einsetzenden Flechtenwachstum vergeht ein Zeitraum (*time-lag*), der nur abgeschätzt werden kann.

Dieser *time – lag* stellt einen Unsicherheitsfaktor dar. Um Vorstellungen über die Dauer dieses Zeitraums zu erhalten, wurden Einheimische befragt, die in benachbarten Farmen wohnten oder in deren Umgebung sich einzelne aufgegebene Gebäude befanden. Danach gibt es große Unterschiede in der Beschaffenheit und Stabilität bei einzelnen Gebäuden. Die Dachkonstruktionen von Scheunen oder Stallungen waren meist nicht so stabil und beständig wie die der Wohngebäude. Zudem wurden einzelne Gebäude des Farmkomplexes schon dem Verfall überlassen, während die Farm selbst noch nicht aufgegeben war.

Aufgrund der Aussagen ist es angebracht, als Mittelwert einen Zeitraum von 10 Jahren für die Zeit der Freilegung der Steinsockel nach Aufgabe der Farmen anzunehmen.

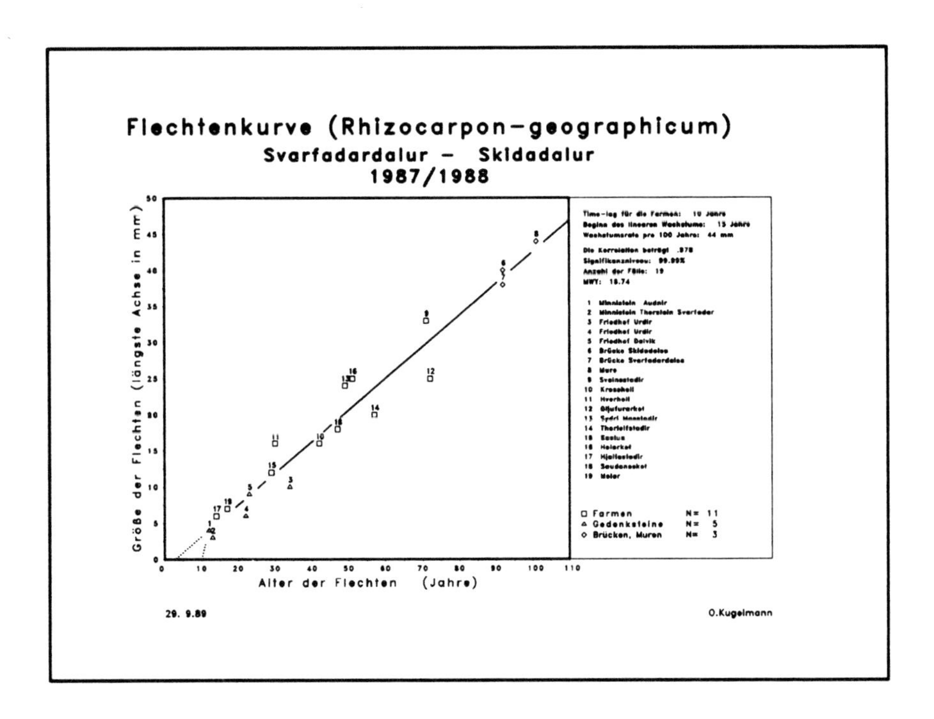

Abb. 3: Ermittelte Flechtenwachstumskurve für *Rhizocarpon geographicum*

Als Parameter wurde bei den Flechten die längste Achse in Millimetern gemessen. Der Zeitpunkt der Aufgabe der Farm ist zum Teil auf Tafeln an den *Ruinen* angegeben. Die Werte sind bei H.E. THORARINSSON (1973) vollständig aufgeführt. Auf den Grabsteinen wurde das Sterbedatum auch als Errichtungsdatum angenommen. Aber auch bei den Grabsteinen können Faktoren auftreten, die ein zu geringes Wachstum der Flechten ergeben, wie eine zum Sterbedatum verspätete Errichtung , eine Pflege (Putzen) der Steine, eine zu glatte Oberfläche und ähnliches... . Bei den Gedenksteinen aus autochthonen Natursteinen ist die Angabe der Errichtung sicher und die Entwicklung der Flechten wohl ziemlich ungestört verlaufen.

Bei der Wachstumskurve (Abb. 3) ist auf der Abszisse das Alter angegeben, seitdem die Unterlage für die Besiedlung von Flechten zur Verfügung steht, d.h. daß bei Grab- und Gedenksteinen das Sterbedatum in Jahren vor 1987 angegeben ist, bei Farmen die Jahre der Auflassung vor 1987 minus 10 Jahre. Auf der Ordinate werden die größten Durchmesser der Flechtenthalli aufgetragen.

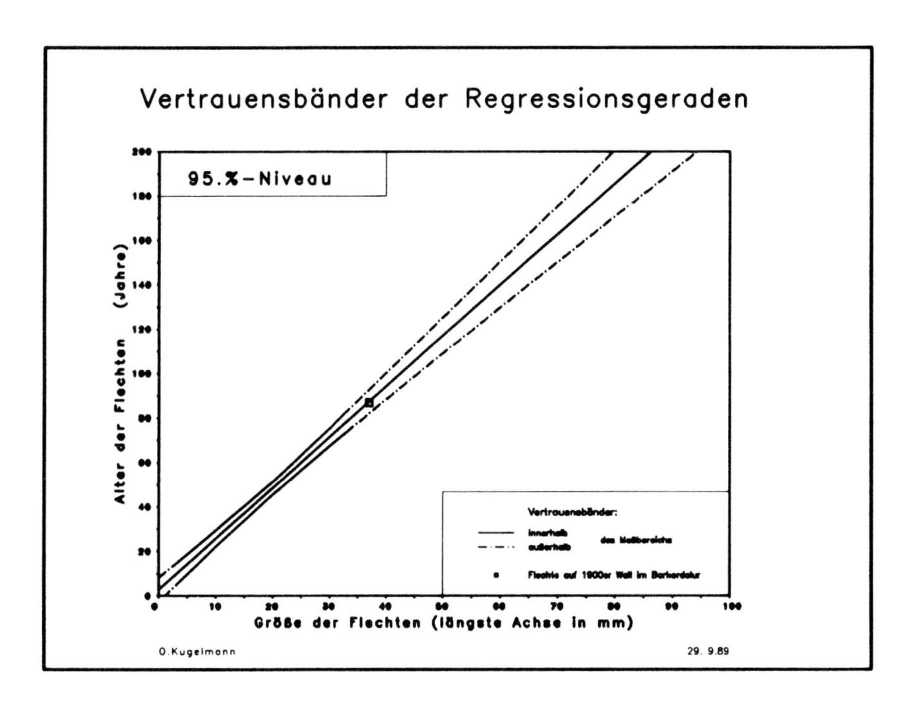

Abb. 4: Flechtenkurve mit 95% - Konfidenzintervall der Regressionsgeraden

Problematisch ist der untere Teil (*große Phase*) der Wachstumskurve. Bei einem angenommenen linearen Verlauf des Wachstums ergäbe sich hier eine Kolonisationsverzögerung von etwa 3 Jahren. Nach Angaben in der Literatur (BESCHEL (1950,1957), ARMSTRONG (1974,1976), SCHRÖDER-LANZ (1983), u.a.) und bei Berücksichtigung der beiden Werte der Gedenksteine von Audnir und Thorstein Svarfadar dürfte nach etwa 10 Jahren das Flechtenwachstum so weit fortgeschrit-

ten sein, daß die Thalli makroskopisch sichtbar werden. Für die Darstellung wurde eine Logarithmuskurve zu einer Basis a angenähert. Bei gleicher Steigung von Logarithmuskurve und der Geraden wurde dann der Beginn des linearen Wachstums angesetzt. Dies ist weder flechtenkundlich noch statistisch abgesichert, sondern nur eine Darstellung des angenommenen und vermuteten Verlaufs.
Sichere Aussagen lassen sich für den linearen Teil der Kurve machen. Danach beträgt die Wachstumsrate etwa 44 mm pro 100 Jahre. Dieser Wert ist deutlich geringer als bisher angenommen wurde (56.8 mm pro 100 Jahre).
Für die Wachstumskurve wurden Konfidenzintervalle bestimmt, die die zunehmende Unsicherheit der Datierungen mit der Entfernung vom Mittelwert der Flechtengröße zeigen.

Eine von HÄBERLE (in Vorbereitung) im südlich liegenden Barkardarlur auf einer Moräne aus dem Jahr 1900 (BERGTHORSSON 1956 S. 29) gemessenen Flechte von 37 mm liegt fast genau auf der Regressionsgeraden.

6. Beispiel

Das Vorgehen in den Gletschervorfeldern wird an einem Beispiel kurz aufgezeigt. In einem Seitental des Vatnsdals, das nach H.E. THORARINSSON (pers. Mitt. 1987) Tverdalur heißt, liegen vor einem kleinen Gletscher mehrere Moränenwälle (Abb. 5).

Sie lassen sich anhand der dort vorkommenden Flechten sechs Ständen zuordnen (Abb. 6). Der dem Gletscher am nächsten liegende Wall ist zum Teil dem Eis aufgesetzt und dürfte aus den 80er Jahren stammen. Auf ihm treten noch keine makroskopisch sichtbaren Flechten auf.
Die Wälle lasse sich somit folgenden Ablagerungzeiten zuordnen. Die Werte für die Konfidenzbereiche auf dem 95% - Niveau liegen zwischen drei und acht Jahren (Tab.1).

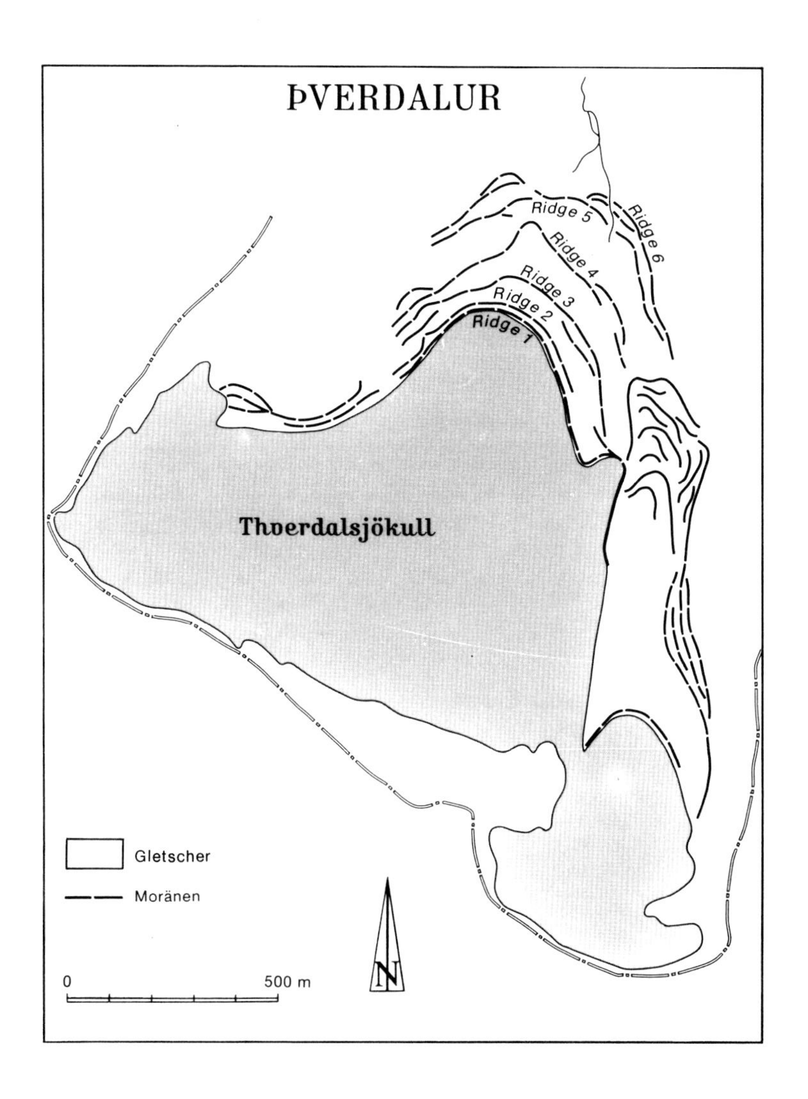

Abb. 5: Kartierung der Moränen im Tverdalur

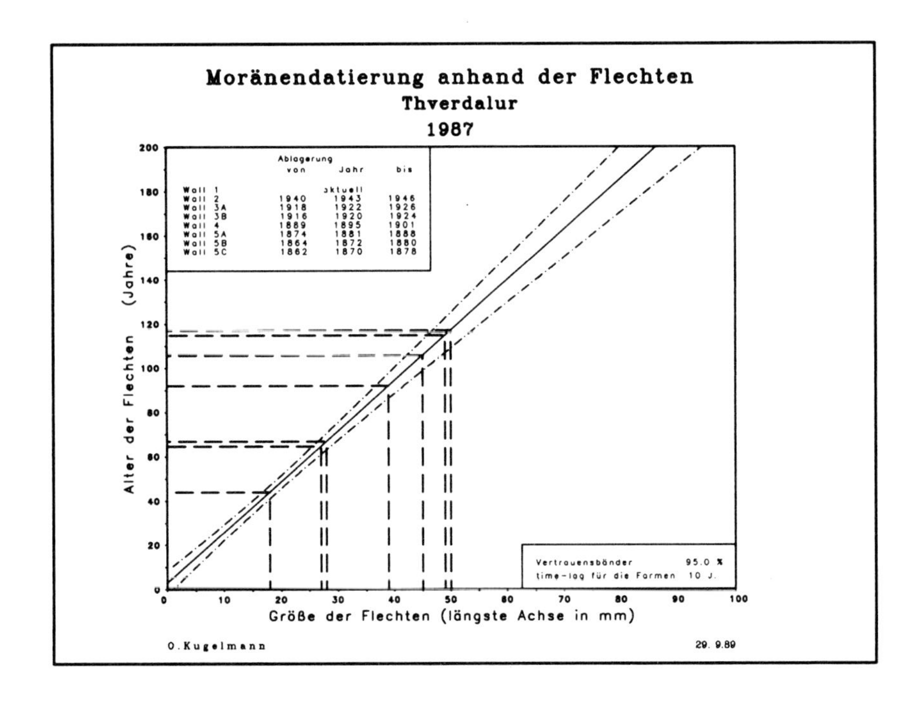

Abb. 6: Datierung der Moränen im Tverdalur

Bezeichnung des Walles (s. Abb. oben)	Ablagerung	Konfidenzintervall (95%)
Wall 1	rezent	
Wall 2	1943	±3
Wall 3	1922	±4
	1920	±4
Wall 4	1895	±6
Wall 5	1881	±7
Wall 6	1872	±8
	1870	±8

Tab.1: Ablagerungszeiten der neuzeitlichen Moraänen im Thverdalur

7. Zusammenstellung der Datierungen

In dieser Weise wurden fünf Gletschervorfelder untersucht. Von STÖTTER (in Vorb.) wurden an drei weiteren Gletschervorfeldern die Flechten auf den Moränen bestimmt. Die ermittelten Ablagerungszeiten sind in Abb. 7 mit den entsprechenden Konfidenzintervallen dargestellt.

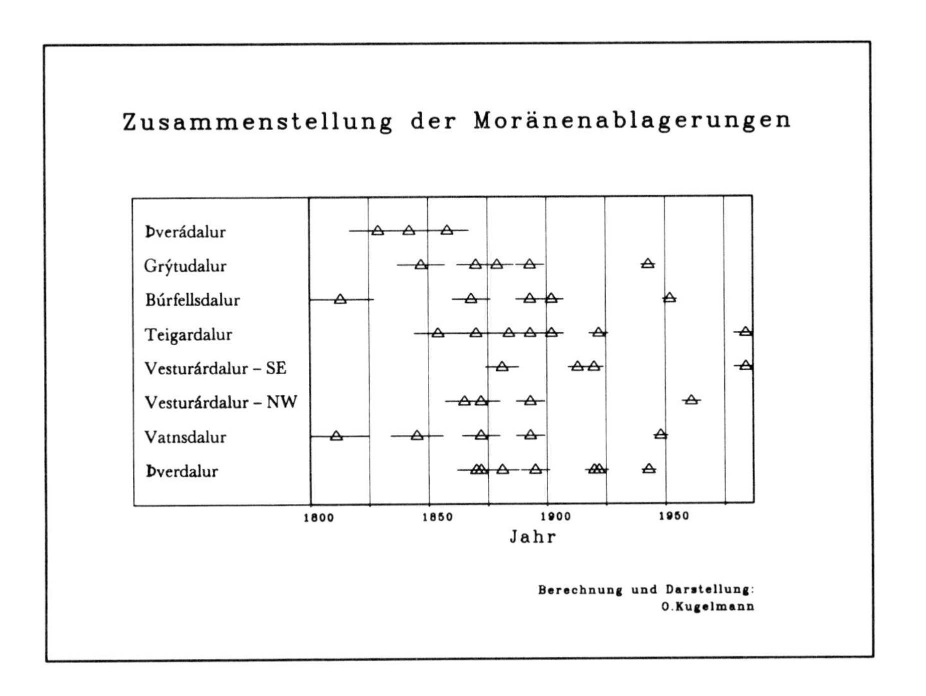

Abb. 7: Zusammenstellung der Moränendatierungen

Um Vorstoßphasen herauszuarbeiten, wurden aus den Ablagerungszeiten übergreifende Mittel berechnet und dargestellt (Abb. 8).

Diese Darstellung zeigt einige Phasen, in denen es zu Vorstößen oder Stillstandsphasen an mehreren Gletschern kam. Es handelt sich hierbei um die Zeiträume um 1810, 1850, 1870/80, 1890/1900 und um die Zwanziger und Vierziger Jahre dieses Jahrhunderts. Dazwischen treten aber auch vereinzelt Werte auf, die etwas gegen diese verschoben sind (1863, 1907, 1912).

Zur Erklärung dazu können verschiedene Ursachen herangezogen werden:

- unterschiedliches Verhalten und unterschiedliche Reaktionszeit der Gletscher bei Klimaänderungen
- methodische Probleme und Genauigkeitsgrenzen der Lichenometrie
- Beschaffenheit der Moränen für das Flechtenwachstum
- subjektive Fehler (Übersehen der größten Flechten)

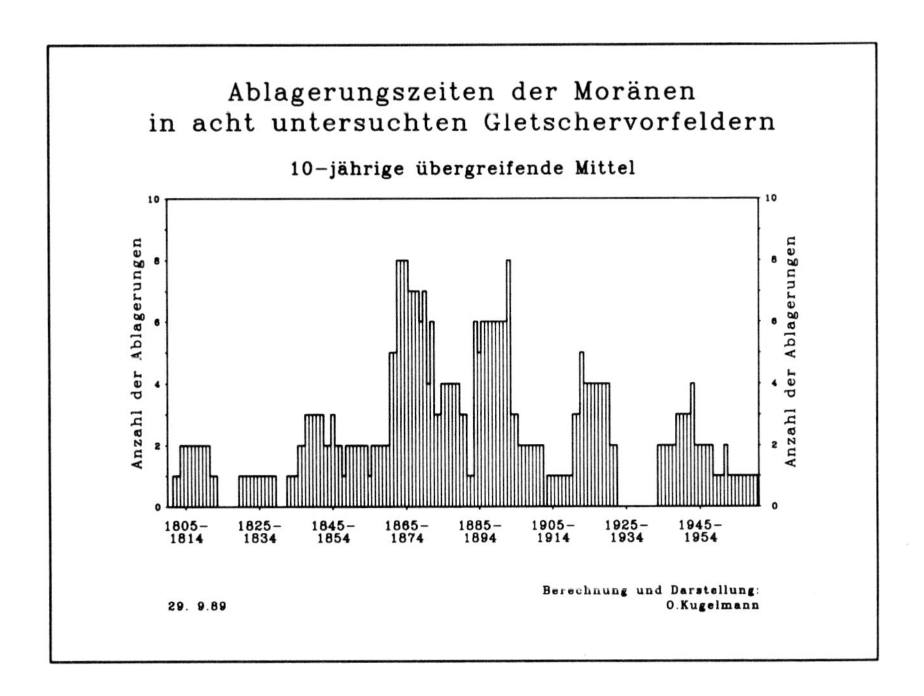

Abb. 8: 10 - jährige übergreifende Mittel der Ablagerungszeiten der Moränen

8. Vergleich der Gletschervorstoßphasen mit Klimadaten und Drifteisverhältnissen

Mit der Aufzeichnung der Lufttemperaturen wurde in Island in Stykkisholmur im Jahre 1845/46 begonnen. Längere Meßreihen liegen auch von Akureyri (1882), Teigarhorn (1873), Grimsey (1875) und den Vestmannaeyjar (1884) vor.

Seit 1857 werden Niederschläge in Stykkisholmur aufgezeichnet. In Grimsey wurde 1874, in Akureyri erst 1930, in Teigarhorn 1873 und auf den Vestmannaeyjar 1881 mit der Messung des Niederschlags begonnen. Leider ist die "Meßreihe" der für das Untersuchungsgebiet sehr aussagekräftigen Station Grimsey äußerst lückenhaft. Die dem Gebiet am nächsten liegende Station Akureyri weist nur eine sehr kurze Reihe auf. Damit können insbesonders über die Niederschlagsverhältnisse zur Zeit der vielen Gletschervorstöße in der zweiten Hälfte des letzten Jahrhunderts keine Aussagen gewonnen werden. Eine Extrapolation der Niederschlagsverhältnisse aufgrund der Werte der anderen Stationen war aufgrund der topographischen Gegebenheiten nicht sinnvoll.

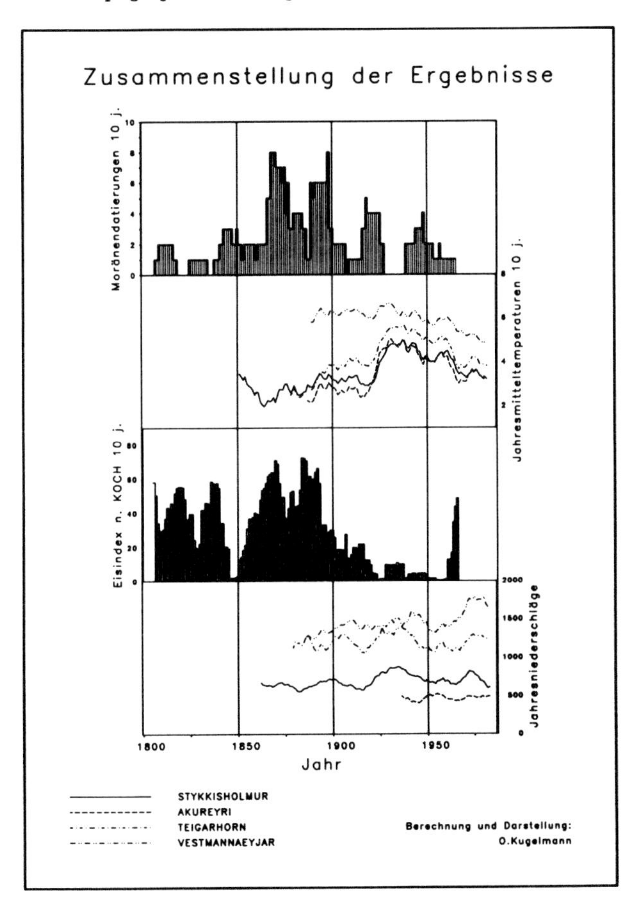

Abb. 9: Zusammenstellung von Gletschervorstoßphasen, Klimaparametern und Drifteisverhältnissen (10 – jährige übergreifende Mittel)

Über das Drifteis liegen in Island Aufzeichnungen schon aus sehr früher Zeit vor. Von BERGTHORSSON (1969) wurde versucht, die Temperaturverhältnisse früherer

Zeiten aufgrund der Drifteisverhältnisse zu rekonstuieren. KOCH (1945 zit. in EYTHORSSON & SIGTRYGGSSON 1971) führte einen Drifteisindex ein, der sich aus der Verweildauer des Eises vor der Küste und dem Auftauchen des Eises an der in zehn Sektoren unterteilten Küste ergibt.
Von diesen drei Parametern wurde aus den Jahreswerten 10-jährige übergreifende Mittel berechnet und den 10-jährigen Mitteln der Gletschervorstoßphasen gegenübergestellt (Abb. 9).

Die Vorstöße in der zweiten Hälfte des letzten Jahrhunderts spiegeln sich sowohl im Temperaturverlauf wie auch bei den Drifteisverhältnissen wider. Für die Vorstöße in den 20er Jahren dieses Jahrhunderts dürften ebenfalls diese Faktoren, aber in abgeschwächtem Maße verantwortbar sein. Die Veränderungen der Niederschläge, insbesonders auch die Auswirkungen der Drifteisverhältnisse auf die Niederschläge können nicht ohne weiteres erklärt werden. Eine Abnahme des Niederschlags bei strengen Drifteisverhältnissen scheint aber zu erfolgen.

9. Diskussion der Ergebnisse

Aufgrund der neu erstellten Wachstumskurve für *Rhizocrpon geographicum* für das Svarfadardalur und Skidadalurgebiet lassen sich verschiedene Gletschervorstoßphasen herausarbeiten. Diese liegen um 1810, 1850, 1870/80, 1890, in den 20er und 40er Jahren dieses Jahrhunderts. Die Vorstöße in den 80er Jahren können lichenometrisch noch nicht erfaßt werden. Bei diesen Angaben muß berücksichtigt werden, daß sie mit zunehmendem Alter immer unsicherer werden. Der älteste Punkt, der für die Erstellung der Wachstumskurve vorhanden war, stammt aus dem Jahre 1887. Für alle älteren Datierungen wurde unter Annahme eines linearen Verlaufs die Wachstumskurve extrapoliert. Im Untersuchungsgebiet liegen leider keine älteren Moränen vor, deren Ablagerungsalter aufgrund von Quellenangaben bekannt ist und die zur Absicherung der Wachstumskurve herangezogen werden können. Die von HÄBERLE (in Vorb.) gemessene Flechte im Barkardalur auf einem Wall von 1900 paßt gut in die ermittelte Wachstumskurve. Unter Berücksichtigung dieser Punkte und der oben angeführten Probleme der Lichenometrie im allgemeinen stellt die hier erarbeitete Flechtenwachstumskurve aber eine doch eine akzeptable Datierungsgrundlage dar. Da andere Datierungsöglichkeiten fehlen (siehe CASELDINE in diesem Heft) oder noch dem heutigen Stand noch keine brauchbaren Ergebnisse bringen, stellen die hier ermittelten Ergebnisse einen ersten Schritt zur Aufhellung der neuzeitlichen Gletschergeschichte dar.

Beim Vergleich der Gletschervorstöße mit den Klimaparametern Jahremitteltemperatur der Luft und Jahresniederschlagssummen zeigt sich, daß zum einen die Lufttemperatur, zum anderen aber auch hygrische Veränderungen als Ursache berücksichtigt werden müssen. Die Auswirkungen der Temperaturverhältnisse auf das Gletscherverhalten ist meist recht deutlich zu erkennen. Die Einflüsse des Niederschlags können aufgrund der Datenlage nicht abgeschätzt werden.

10. Probleme

Auf methodische Probleme der Lichenometrie wurde bereits mehrfach hingewiesen. Zu erwähnen ist zudem, daß die Lichenometrie in diesem Gebiet Datierungen nur bis etwa 1800 erlaubt. Die Ursachen für diese an sich ungewöhnliche Einschränkung der Lichenometrie sind noch offen. Vielleicht hängen sie mit dem katastrophalen Ausbruch der Lakispalte im Jahr 1789 zusammen.
Für den Vergleich mit den Klimaparametern und dem Drifteis ergaben sich vor allem Probleme im Bereich der Niederschlagsdaten, da die Meßreihe der Station Grimsey aufgrund enormer Lücken keine sinnvolle Aussage zuläßt und an der nächstliegenden Station mit der Messung des Niederschlags erst 1930 begonnen wurde. Auch die Abschätzung des Einflusses des Seeeises, insbesonders auch die Aussage des Drifteisindexes für die klimatischen Verhältnisse (vor allem den Niederschlag) ist nicht ohne weiteres möglich.

Große Probleme wirft auch die ungenaue und zum Teil falsche Übernahme insbesonders der älteren deutschsprachigen Literatur in verschiedenen Arbeiten sowohl über Island wie auch über die Lichenometrie auf.

11. Ausblicke

Zur Erweiterung der Kenntnisse wäre es vor allem wünschenswert, ähnliche Untersuchungen auch an den großen Auslaßgletschern und im Nordwesten Islands durchzuführen. Zur Absicherung der Lichenometrie müßten in weiteren Gebieten ortsspezifische Wachstumskurven erstellt werden. Eine Klärung der zeitlich starken Einschränkung der Lichenometrie auf die Zeit nach 1800 müßte versucht werden.
Im Bereich des Klimas und dessen Auswirkung auf das Gletscherverhalten sind vor allem Untersuchungen zur Niederschlagsverteilung in Abhängigkeit von den Niederschlagsverhältnissen anzustreben. Zudem sind Kenntnisse über die höhen-

mäßige Abstufung und die lokale Veränderung des Niederschlags im Untersuchungsgebiet für weitere Deutungen notwendig.
Insbesonders muß versucht werden, doch andere Wege zur Datierung zu finden und deren Anwendung in diesem Gebiet zu prüfen. Nur so können die noch recht dünne Datenlage verbessert werden und die vorhandenen, hier vorgestellten Ergebnisse überprüft und abgesichert werden.

Literaturhinweise

AHLMANN, H.W:son (1937): Oscillations of the other outlet – glaciers from Vatnajökull.
– Geografiska Annaler, Jg.19, Kap.III.3, S. 195 – 200; Stockholm.

ARMSTRONG, R.A. (1974): Growth phases in the life of a lichen thallus.
– New Phytologist, Jg.73, S.913 – 918; London.

ARMSTRONG, R.A. (1976): Studies on the growth rates of lichens.
– BROWN, D.H., HAWKSWORTH, D.L. and BAILEY, R.H.: Lichenology: Progress and problems. S.309 – 322; London.

BARDARSON, G.G. (1934): Islands Gletscher. Beiträge zur Kenntnis der Gletscherbewegungen und Schwankungen auf Grund alter Quellenschriften und neuester Forschung.
– Visindafelag Islendinga, Bd.16; Reykjavik.

BERGTHORSSON, P. (1956): Barkarjökull.
– Jökull, Jg.6, S – 29; Reykjavik.

BERGTHORSSON, P. (1969): An estimate of drift ice and temperature in Iceland in 1000 years.
– Jökull, Jg.19, S. 94 – 101; Reykjavik.

BESCHEL, R. (1950): Flechten als Altersmaßstab rezenter Flechten.
– Zeitschrift für Gletscherkunde und Glazialgeologie, Bd.1, S. 3030 – 309; Innsbruck.

BESCHEL, R. (1954): Growth of lichens, a mathematical indicator of climate (Lichenometry).
– Rapport Communic 8me Congresse Bot. Int. Sect., 7/8, S. 148; Paris.

BESCHEL, R. (1957): Lichenometrie im Gletschervorfeld.
– Jahrbuch der Vereinigung zum Schutze der Alpenpflanzen und Alpentiere, Nr.22, S. 164 – 185; München.

BESCHEL, R. (1961): Dating rock surfaces by lichen growth and its application to glaciology and physiography/lichenometry.
– RAASCH. G.O. (Hrsg.): Geology of the Arctic. Bd. 2, S. 1044 – 1062; Toronto.

BESCHEL, R. (1965): Epipetric succession and lichen growth rates in the eastern Nearctic.
– 7th International Quaternary Congress, S.25 – 26; Boulder/Colorado.

CASELDINE, C.J. (1983): Resurvey of the margins of Gljufurarjökull and the chronology of recent deglaciation.
– Jökull, Jg.33, Reykjavik, S.111 – 118

CASELDINE, C.J.(1985): The extent of some glaciers in northern Iceland during the little ice age and the nature of recent deglaciation.
– The Geographical Journal, Jg.151(2), S.215 – 227; London.

CASELDINE, C.J.(1987): Neoglacial glacier variations in northern Iceland: examples from the Eyjafjördur area.
- Arctic and Alpine Research, Jg.19(3), S.296 - 304; Boulder/Colorado.

EYTHORSSON, J.(1935): On the variations of glaciers in Iceland. Some studies made in 1931.
- Geografiska Annaler, Jg.17, Stockholm, S.121 - 137

EYTHORSSON, J. u. SIGTRYGGSSON, H.(1971): The climate and weather of Iceland.
- The zoology of Iceland, Bd.I(3); Kopenhagen.

GORDON, J.E., SHARP, M.(1983): Lichenometry in dating recent glacial landforms and deposits, southeast Iceland.
- Boreas, Jg.12, S.191 - 200; Oslo.

HÄBERLE, Th.(in Vorb.): Untersuchungen zur postglazialen Gletscher geschichte im Horgardalur und seinen Seitentälern, Tröllaskagi, Nordisland.
- Dissertation an der Universität Zürich.

HEUBERGER, H.(1971): Roland Beschel und die Lichenometrie.
- Zeitschrift für Gletscherkunde und Glazialgeologie, Bd.7, H.1/2, S.175 - 184; Innsbruck.

HJORT, C., INGOLFSSON, O. u. NORDDAHL, H.(1985): Late quaternary geology and glacial history of Hornstrandir, Northwest - Iceland: A Reconnaissance Study
- Jökull, Jg.35, S.9 - 28; Reykjavik.

INNES, J.L.(1985a): Lichenometry.
- Progress in Physical Geography, Jg.9, H.2, S.187 - 225; London.

INNES, J.L.(1985b): A standard Rhizocarpon nomenclature for lichenometry.
- Boreas, Jg.14, S.83 - 85; Oslo.

JAKSCH, K.(1970): Beobachtungen in den Gletschervorfeldern des Solheima - und Sidujökull im Sommer 1970.
- Jökull, Jg.20, S.45 - 48; Reykjavik.

JAKSCH, K.(1975): Das Gletschervorfeld des Solheimajökull.
- Jökull, Jg.25, S.34 - 38; Reykjavik.

JAKSCH, K.(1984): Das Gletschervorfeld des Vatnajökull am Oberlauf der Djupa, Südisland.
- Jökull, Jg.34, S.97 - 103; Reykjavik.

JOCHIMSEN, M.(1966): Ist die Größe des Flechtenthallus wirklich ein brauchbarer Maßstab zur Datierung von glazialmorphologischen Relikten.
- Geografiska Annaler, Jg.48A(3), S.157 - 164; Stockholm.

JOCHIMSEN, M.(1973): Does the size of lichen thalli really constitute a valid measure for dating glacial deposits?
- Arc. & Alp. Res., Jg.5(4), S.417 - 424; Boulder/Colorado.

JOHN, B.S., SUDGEN, D.E.(1962): The morphology of Kaldalon, a recently deglaciated valley in Iceland.
- Geografiska Annaler, Jg.44A, H.3/4, S.347 - 365; Stockholm.

KOCH, L.(1945): The East Greenland ice.
- Medd. om Grönland, Nr.130, S. 1 - 375; Kopenhagen.

LOCKE, W.W. III, ANDREWS, J.T., WEBBER, P.J.(1980): A manual for lichenometry
- British Geomorphological Research Group, Technical Bulletins; London.

MAIZELS, J.K., DUGMORE, A.J.(1985): Lichenometric dating and tephrochronology of sandur deposits, Solheimajökull area, southern Iceland.
- Jökull, Jg.35, S.69 - 77; Reykjavik.

MEYER, H.H., VENZKE, J.F.(1985): Der Klængsholl - Kargletscher in Nord - Island.
- Natur und Museum, Nr.115(2), S.29 - 64; Frankfurt.

NIENBURG,W.(1919): Studien zur Biologie der Flechten, I - III.
- Zeitschrift für Biologie, Jg.11, H.1/2, S.1 - 38.

SACHS, G.(1984): Angewandte Statistik.
- Berlin.

SCHRÖDER - LANZ, H.(1983): Establishing lichen growth curves by repeated size (diameter) measurements of lichen individua in a test area - A mathematical approach.
- SCHRÖDER - LANZ, H. (Hrsg.): Late and postglacial oscillations of glaciers: Glacial and periglacial forms in memoriam H. Kinzl. Kolloquium Trier 1980. Rotterdam.

STÖTTER, J. (1989): Geomorphologische und landschaftsgeschichtliche Untersuchungen im Svarfadardalur - Skidadalur, Tröllaskagi, N - Island.
- Dissertation am Institut für Geographie der Universität München; München.

THORARINSSON, H.E. (1973): Svarfadardalur og gönguleidir um fjöllin.
- Ferdafelag Islands, Arbok 1973; Reykjavik.

THORARINSSON, S.(1943): Vatnajökull - Scientific results of the Swedish - Icelandic investigations 1936 - 37 - 38. Chapter IX.: Oscillations of the Icelandic glaciers in the last 250 years.
- Geografiska Annaler, Jg.25, H.1/2, S.1 - 54; Stockholm.

THORODDSEN, Th.(1895): Fra det sydöstlige Island. Rejseberetning fra sommeren 1894.
- Geogr. Tidsskrift, Jg.13, S.167 - 234; Kopenhagen.

THORODDSEN, Th.(1906): Island. Grundriß der Geographie und Geologie II.
- Petermanns Geographische Mitteilungen, Erg.H.153, S.162 - 358; Gotha.

WEBBER, P.J., ANDREWS, J.T.(1973): Lichenometry: a commentary.
– Arctic and Alpine Research, Jg.5(4), S.295 – 302; Boulder/Colorado.

WORSLEY, P.(1981): Lichenometry.
– GOUDIE, A. (Hrsg.): Geomorphological Techniques. S.302 – 305; London.

A Review of Dating Methods and their Application in the Development of a Chronology of Holocene Glacier Variations in Northern Iceland

C.J. Caseldine
Department of Geography
University of Exeter

Abstract

Various methods that have been used to produce Holocene glacial chronologies throughout the world are reviewed, and consideration is given to their applicability in North Iceland. Four principal methods are discussed in detail: tephrochronology, ^{14}C dating, rock weathering indices, and lichenometry. Particular attention is paid to lichenometry and preliminary results of a study of the size - frequency distribution of populations of *Rhizocarpon geographicum* s.l. are presented. In order to produce a full Holocene chronology of glacier variations in Northern Iceland it is concluded that it will be necessary not only to improve present techniques but also to examine a wider range of potential sources of evidence, especially sediments from glacially - fed lakes.

Zusammenfassung

Mittels vielfältiger Arbeitsmethoden ist weltweit eine recht differenzierte Vorstellung über die holozäne Gletschergeschichte entstanden. Sie werden hinsichtlich ihrer Anwendbarkeit in N - Island betrachtet, wobei die Tephrochronologie, die Radiokarbonanalyse, die Lichenometrie sowie die Untersuchung von Verwitterungskrusten (*rock weathering indices*) näher vorgestellt werden. Um eine vollständige Chronologie der holozänen Gletscherschwankungen in N - Island erstellen zu können, ist sowohl die Verbesserung der heute angewandten Methoden als auch die Untersuchung weiterer Informationspotentiale (z. B. Sedimente in glazialen Seen) nötig.

1. Introduction

Glacier variations provide a valuable source of terrestrial information concerning Holocene climatic variability and studies of Holocene glacier variations have taken place throughout the world in glaciated and formerly glaciated regions (GROVE,

1979, 1988). The importance of understanding the nature of Holocene climatic variability has been emphasised recently by GROVE: *"The forcing functions, internal and external, which have operated in the past to prevent stability of the climatic system, have not disappeared and will continue ... Mankind is by no means invulnerable to the effects of even minor variations."* (1988, p. 10). Determination of full and accurate chronologies of Holocene glacier variations is therefore central to any understanding of the behaviour of climate over the past 10,000 years. This is of increasing importance with the development and testing of models of the relationship between climatic variability and postulated forcing functions. Large scale global models have been a feature of recent studies of Quaternary climatic change (e.g. CLIMAP, 1976). Over the shorter time scale of the 'Little Ice Age' OERLEMANS (1988) has modelled the relationship between glacier length variations and simple climatic parameters, and PORTER (1986) has pointed to the apparent relationship between glacier activity and volcanic activity, through the impact of the latter on climate. Furthermore PORTER (1986) sought to extend his study back into the Holocene but commented upon the difficulty presented by the decreasing level of resolution of the glacial data with increasing age. A noticeable feature of these two approaches was the absence of any data from Iceland in PORTER's study and the limited data from Vatnajökull used by OERLEMANS. The success of any modelling exercise is often strongly dependent upon the accuracy and detail of the empirical data against which the model can be tested, and in the case of regional or wider scale climatic modelling the spatial spread of the data is of crucial importance. Northern Iceland lies in a very significant location for the climate of North West Europe as a whole, close to significant atmospheric and oceanic boundaries, especially the position of the atmospheric Polar Front. The derivation of a detailed and accurate picture of Holocene glacier variations from this area is therefore a very necessary element in the construction of palaeoclimatic data for both Iceland and North West Europe.

Recognition of former glacier limits can be made on morphological grounds and the nature of such evidence has been well documented in most glaciated areas. It is however the age relationships of the features that can present most problems. A wide range of dating techniques have been applied to this problem (MAHANEY, 1984) but not all are suitable in every glaciated area. In the following section consideration will be given to those techniques most applicable in Iceland and their potential evaluated for use in the specific area of the Tröllaskagi peninsula (Fig. 1).

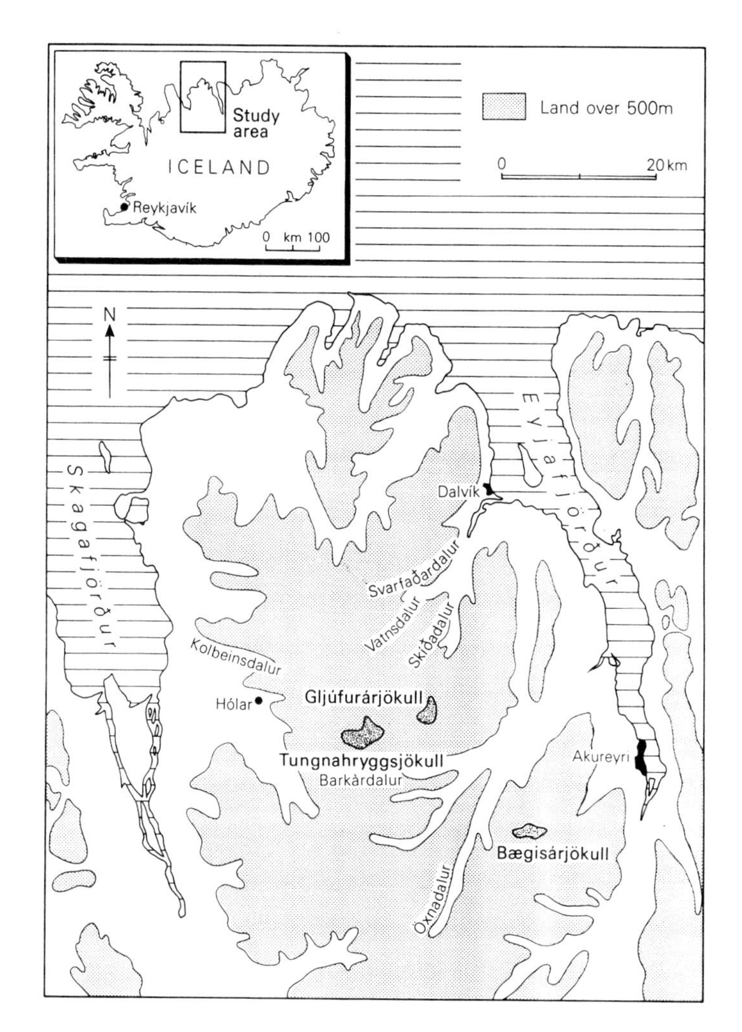

Fig. 1: Location map of the Tröllaskagi peninsula

2. Dating Methods

2.1 Tephrochronology

Because of its location on the volcanically active North Atlantic Ridge, Iceland has a long and increasingly well documented history of volcanic activity. The application of this history to dating glacier fluctuations by defining sequences of marker horizons of

volcanic ash or tephra which have been dated by documents or radiocarbon, was originally made by THORARINSSON (1944, 1981). Following his pioneering work tephrochronology has now been applied in other volcanically active glaciated areas such as the Pacific Northwest in the U.S.A. and New Zealand (DAVIS, 1988; GELLATLY, CHINN & RÖTHLISBERGER, 1988). The preservation of complete tephra sequences is enhanced in Iceland by the development of thick loessial soils, and it is possible to find up to 150 individual tephra layers covering the Holocene period in a single soil section (THORARINSSON, 1981). In Southern Iceland around the margins of the Vatnajökull, Myrdalsjökull and Eyjafjallajökull ice caps, which have termini at low altitudes, tephrochronology has been a primary technique in dating former glacier limits (THORARINSSON, 1956, 1964, 1966; LARSEN, 1978; DUGMORE & MAIZELS, 1985). In areas more distant from the central volcanic belt, sequences of tephra are less well documented but can still be used to help date glacier limits (MÜLLER, 1984; MÜLLER ET AL.; STÖTTER, 1989). Where moraines are found at high altitudes with little soil development the preservation of dateable tephra horizons is unlikely. In Tröllaskagi a high proportion of moraines of Holocene age lie above 600m, with many over 1000m, and hence the potential for widespread application of tephrochronology is limited.

2.2 ^{14}C dating

^{14}C dating of organic remains found in association with morphological features defining former Holocene glacial limits (PORTER, 1981) has provided valuable but at times controversial evidence for periods of former glacial expansion. Dating of sub-fossil remains, noteably trunks of trees either incorporated by glaciers in moraines or overridden and buried by ice, can give secure maximum limiting dates for glacier advances, but ^{14}C dating of soils within or below moraines gives results requiring careful evaluation before being used to date particular moraine limits.

MATTHEWS (1980, 1981, 1985) has shown how dating different fractions within the soil, the Humic Acid (NaOH soluble) fraction and the residual (NaOH insoluble) fraction, can point to the limitations of single age total organic carbon age determinations. This approach has also been successfully followed by GEYH, RÖTHLISBERGER & GELLATLY (1985) for moraines in both New Zealand and the Himalayas. Where soils were relatively immature on burial, the Humic Acid and Residual fraction dates are likely to be similar and a single age determination provides a good estimate of the age of burial. Where soils have developed over a long time period, in excess of the normal errors associated with ^{14}C dating, single age determinations can provide potentially erroneous ages for burial. This is compounded where large samples are used for dating, effectively amalgamating material of sharply contrasting age, as occurs with the age – depth relationships found within organic matter in high altitude or high latitude soils (MATTHEWS, 1984; CASELDINE & MATTHEWS, 1985). The differences between the ages of the different fractions has however also been used to estimate the length of time of soil formation and hence the periodicity of glacier advance episodes (GEYH, RÖTHLISBERGER & GELLATLY, 1985). Even over the very recent time scale of the 'Little Ice Age', despite problems in calibration to calendar years, it has been possible to derive reliable dating evidence from soils buried by 'Little Ice Age' moraines (MATTHEWS, INNES & CASELDINE, 1986).

The low levels of organic matter in many of the soils surrounding Icelandic glaciers and the lack of sub – fossil remains has allowed few radiocarbon determinations, although in Southern Iceland where former glacial limits and Holocene moraine sequences occur at low altitudes radiocarbon dating has been possible, often in conjunction with tephrochronology (MAIZELS & DUGMORE, 1985; SHARP & DUGMORE, 1985). ^{14}C dates from Northern Iceland are few (MÜLLER ET AL., 1984; HÄBERLE, 1989; STÖTTER, 1989) and have provided some equivocal results (HÄBERLE, 1989). Many of the higher moraine sequences also lie above altitudes where it is likely to find sufficient organic matter for dating without the use of Accelerator Mass Spectrometry (HEDGES, 1984).

2.3 Rock Weathering

Several techniques based on the degree of weathering of various rock types have been applied to sequences of moraines of Holocene age (MAHANEY, 1984). BENEDICT (1981, 1985) successfully developed an index of granite weathering for part of the Colorado Front Range, and in New Zealand studies of rock weathering rinds have seriously questioned lichenometric dating of moraines (GELLATLY, CHINN & RÖTHLISBERGER, 1988). Application of a crude measure of rock weathering based on rock hardness as measured by a Schmidt Hammer, used in Southern Norway to separate moraines of 'Little Ice Age' provenance from earlier Holocene moraines (MATTHEWS & SHAKESBY, 1984), has been made by CASELDINE (1985, 1987) in Tröllaskagi, but as yet there has been no detailed published survey of the potential of rock weathering indices in the study of Holocene moraines in Iceland.

2.4 Lichenometry

Lichenometry is perhaps the most widely used and frequently applied technique available for producing chronologies of Holocene moraine sequences, and there have been several general reviews of the technique (INNES, 1985; LOCKE, ANDREWS & WEBBER, 1979; WORSLEY, 1981). Curves for the growth rate of *Rhizocarpon geographicum* s.l. have been published for a number of locations in Iceland (CASELDINE, 1983; GORDON & SHARP, 1983; JAKSCH, 1970, 1975, 1984; KUGELMANN, 1989; THOMPSON & JONES, 1986). The most recent of these by KUGELMANN is the most detailed and calibrated on the basis of the largest number of surfaces of known age. It is likely that the results of KUGELMANN may involve a re – evaluation of other lichen dating curves from Iceland as the present range of growth rates between north and south of the island is considerable, and the validity of the assigned dates of some of the fixed points is in question.

The application of lichenometry in Iceland has encountered two recurrent problems which have been commented upon by several authors:
I) Lack of calibration surfaces – the earliest surface of believed known age used so far in Iceland is the outermost moraine at Skaftafellsjökull believed to date to A.D. 1870 (THOMPSON & JONES, 1986). A feature of similar age at Svínafellsjökull was located in the field but not with the same degree of certainty morphologically, although its result was utilised in the lichen growth curve. Attempts to extend the record back on the Kotá fan produced by a jökulhlaup in A.D. 1727 failed. In this case the problem was the small size of the available clasts and competition from mosses preventing large lichens from growing. Dating of surfaces which have lichen thalli larger than the largest calibrated thallus necessarily has to assume that a similar linear growth rate extends over the complete time period covered i.e. the linear curve covering the 'Great Period' of BESCHEL (1950) continues throughout. Several empirical studies in a number of areas have shown this to be unlikely and the final curve of THOMPSON & JONES (1986) suggests a reduction in the growth rate of *Rhizocarpon geographicum* s.l. after 60 – 80 years. In Tröllaskagi the oldest surfaces of known age are generally found in abandoned farmsteads, the oldest of which that has been used is A.D. 1905 (CASELDINE, 1983; KUGELMANN, 1989) although in Bárkardalur a moraine has been identified to A.D. 1900 on documentary evidence (BERGTHORSSON, 1956; HÄBERLE, 1989; KUGELMANN, 1989). The lack of dated surfaces earlier than this is however at present very restrictive in this area of Northern Iceland and all earlier lichenometric ages remain estimates, probably minimum estimates.

II) Absence of large thalli of *Rhizocarpon geographicum* s.l. – as noted above several workers have commented upon the absence of large thalli of this lichen and the same is true for northern Iceland as for the south. Several reasons have been put forward for this phenomenon as well as those proposed by THOMPSON & JONES (1986), and many of these have been discussed by MAIZELS & DUGMORE (1985). Although the parent material in Iceland is commonly volcanic in origin and highly susceptible to frost shattering and rapid weathering, both snowkill and burial by tephra are likely influences, especially on basaltic substrates away from active volcanic areas.

Thus the application of lichenometry in Iceland appears appropriate only for the last two centuries at most with, as yet, uncertainties over both the true lichen growth rates that are applicable in different areas, and over age estimates beyond the calibrated growth curves.

3. Lichen Population Studies

In view of the importance of lichenometry and the difficulties encountered in applying the technique in Iceland a limited study was undertaken of populations of *Rhizocarpon geographicum* s.l. in Skídadalur, on the eastern side of the Tröllaskagi peninsula (Fig. 2). BENEDICT (1985), working in the Arapaho Pass area of the Colorado Front Range, constructed size - frequency distribution curves for such populations in order to derive a lichen growth curve based on the gradients of the population curves. He was also able to use the structure of the population to identify disturbed or composite lichen populations influenced by some disturbing factor, in this case disturbance of sites by American Indian communities. The construction of a growth curve based on characteristics of the population as a whole, independent of a curve based on largest thalli sizes proved successful over a long time scale i.e. 4000 - 5000 years, but BENEDICT considered it unlikely to be applicable over shorter time scales 'in temperate or maritime - tundra environments, where lichen growth is rapid' (1985, p. 106). Lichen growth rates in northern Iceland are high relative to his study but even if such an approach could not produce a new and longer accurate chronology, it still has potential for identifying any remnants of populations older than those which developed in the last 100 - 200 years. The concept of using the gradient of the population curve also still provides a potential mechanism whereby even recent populations can be assigned to very similar age ranges, and a relative series of ages determined.

BENEDICT assumed that the size - frequency distribution of lichen thalli approximated to a negative log - linear model. He discussed the arguments against such an assumption as developed by LOCKE, ANDREWS & WEBBER (1979) and INNES

(1983) but supported his belief by referring to a number of empirical studies, including his own, which have shown best fits to a negative log-linear distribution. There is, understandably, some variation in the nature of the size-frequency distribution of populations in different environments (INNES, 1983; HAINES-YOUNG, 1988), but where negative log-linear curves can be consistently fitted to populations and provide the best estimate of the mathematical distribution represented it is reasonable to assume such a population characteristic. In the present study the approach developed by BENEDICT has been applied to a series of sites in Skídadalur with two principal aims: i) the evaluation of the largest lichen approach to producing a dating curve; and ii) the identification of disturbed or composite lichen populations.

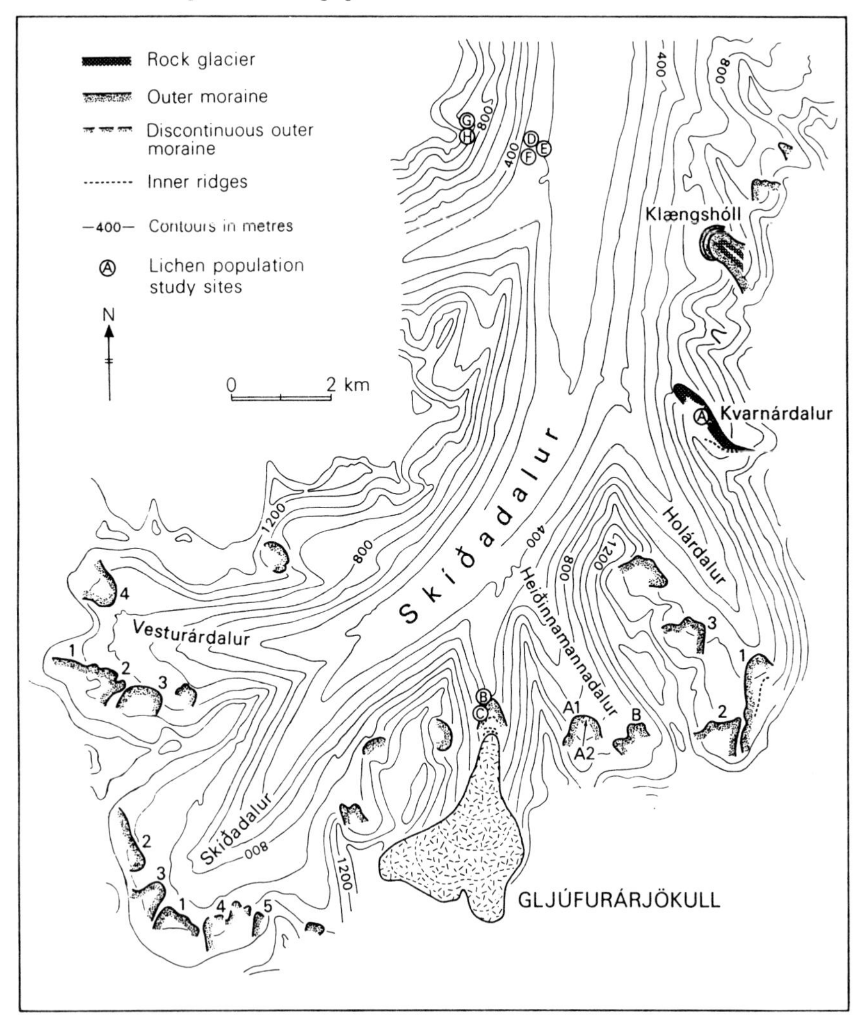

Fig. 2: Location map of the sites in Skídadalur

At eight sites in Skídadalur (Fig. 2) the long axes of 1000 thalli of *Rhizocarpon geographicum* s.l. were meaured to within 0.5mm, and the results graphed using varying size intervals. Statistical analysis of this data revealed that in all cases a negative log - linear distribution best described the linear relationship between size class and frequency, and variations in the class intervals used in the analysis made no significant difference to the results down to a minimum class interval of 2mm. For most of the results presented here a class interval of 2.5mm is adopted. The eight sites examined comprised: A - Kvárnardalur rock glacier surface: B - Gljúfurárjökull outer moraine; C - Gljúfurárjökull inner moraine; D, E & F - Skídadalur debris flows; G & H - Thverardalur debris flows (Fig. 2).

3.1 Size - frequency curves and dating

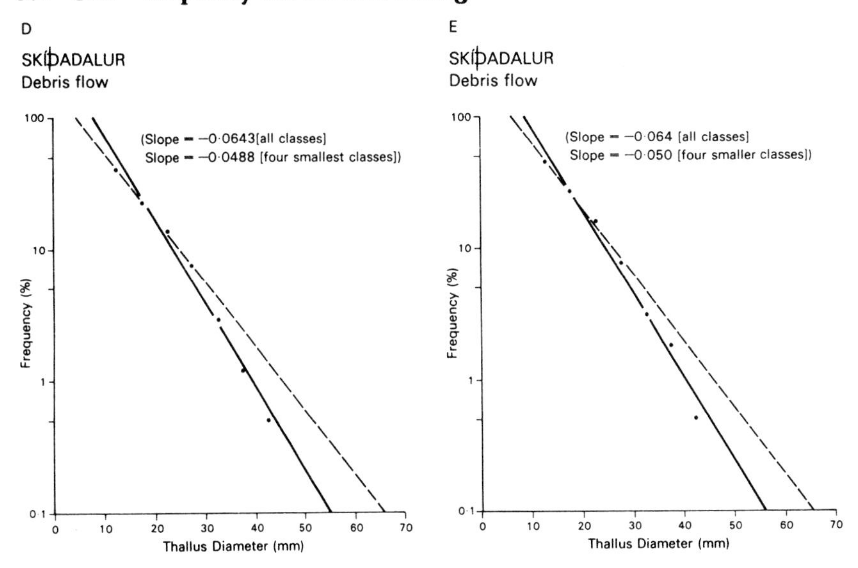

Fig. 3: Lichen size - frequency distributions for older debris flows in Skídadalur (see text for explanation of the letters)

BENEDICT (1985) and others have questioned the idea of using a hypothetical '1 in 1000' thallus derived from the size - frequency distribution as a means of producing a largest lichen dating curve, as distinct from using the largest observed lichen thallus. The '1 in 1000' thallus approach is considered of uncertain value as the eventual size accepted for dating is a function of the class intervals involved and can also be strongly influenced by lichen density (HAINES - YOUNG, 1988). BENEDICT (1985) emphasises the value of an approach using the slope of the size – frequency distribution curve for producing a dating curve, as it is "an intrinsic characteristic of the lichen population" (p. 94).

In Skídadalur the results from population studies have two main implications for dating. Firstly, it can be shown that populations from features of the same age have virtually identical size frequency distributions. This can be seen in Fig. 3 where populations from adjacent debris flows (D and E) in Skídadalur are plotted. There is documentary evidence for the flows occurring during a period of intense debris flow activity in the early 1880's. Although there is some variation in the size of the single largest lichens on the two flows these support a lichenometric age between 1883 – 1886. A more recent debris flow from the same location (F), originating in a period of activity documented to 1929, and with a lichenometric age determination of 1926 (Fig. 4), is clearly differentiated with a much steeper gradient to the curve of the frequency distribution. The gradients for the two 1880's flows are statistically indistinguishable from each other, and are also indistinguishable from the gradient found for the population from the inner moraine ridge (C) in front of Gljúfurárjökull (Fig. 5), which has a lichenometric date of 1877. Over the limited time scale so far examined it is therefore certainly possible to use such an approach to determine features of comparable age and to place them within a relative sequence. Because of the limited number of independently dated surfaces available and the relatively short time scale it is not yet possible to develop a reliable dating curve based on the gradients alone, as constructed by BENEDICT. The examination of a larger number of sites securely dated by means other than lichenometry, and covering a time scale extending back further than the middle to late 19th century, nevertheless should provide a means of testing the standard lichenometric dating curve.

A second dating implication is where the study of the population reveals a scatter in the upper size ranges of the lichen thalli. This is well illustrated in Fig. 6 where there is clearly considerable variation in the upper size classes on the outer moraine ridge in front of Gljúfurárjökull (B), in stark contrast to the distribution on the inner moraine ridge. Whereas use of the largest lichen on the inner ridge probably provides a good estimate of age, this is not the case on the outer moraine, for there is little relationship between the largest observed thallus and the overall size – frequency distribution. Indiscriminate use of the largest single lichen with no examination of the population could therefore potentially provide a misleading age for the feature. Because of the time involved in measuring representative samples from lichen populations it is however unlikely that such an integrated and detailed approach could be undertaken on every feature, especially every moraine in even a local scale study i.e. within Skídadalur.

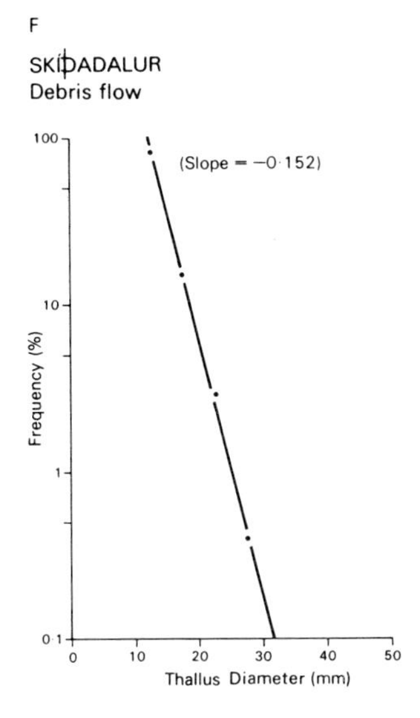

Fig. 4: Lichen size – frequency distributions for youngest debris flow (A.D. 1920's) in Skídadalur

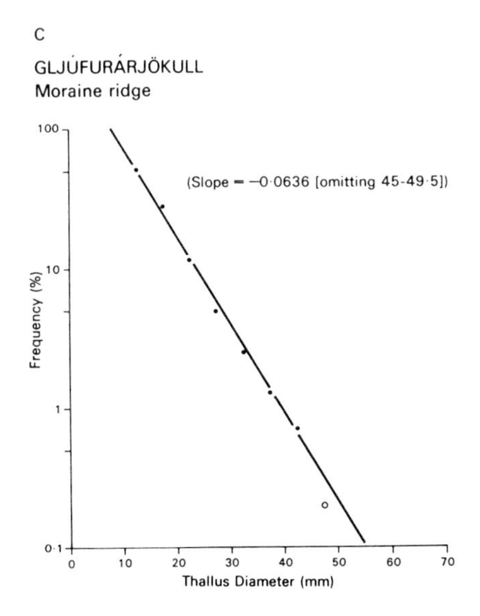

Fig. 5: Lichen size – frequency distributions for Gjúfurárjökull inner moraine

3.2 Size – frequency distribution curves and disturbed populations

The results from the Gljúfurárjökull outer moraine discussed above demonstrate the likelihood of the existence of composite lichen populations on features such as moraines and debris flows. At Arapaho Pass BENEDICT (1985) was able to show how populations had been disturbed with larger thalli representing the remnants of older populations. From the Tröllaskagi data, e.g. Fig. 6, the disturbed populations are characterised by an under – representation of older thalli with a good fit of the curve to the small size ranges, these reflecting a low gradient i.e. an 'old' age. This suggests that not only are the oldest thalli somehow selectively removed, as for instance by competition with other lichens or higher plants, but that there is also disturbance over a series of size ranges. Such disturbance, as seen on the Gljúfurárjökull outer moraine, is not universal, for some relatively old sites with lichen thalli in the higher size classes are not affected (e.g. the debris flows in Fig. 3). Although 'a priori' it was the surface of the rock glacier (A) that might have been expected to show most disturbance this produced a very close fit to a negative log – linear distribution (Fig. 7). Apart from the Gljúfurárjökull inner moraine, one of the debris flows from Thverardalur (G), at a higher altitude than the Skídadalur debris flow, showed the most erratic distribution (Fig. 8) and represents a combination of lichen populations of varying age deriving from debris flow activity on more than one occasion within the same feature.

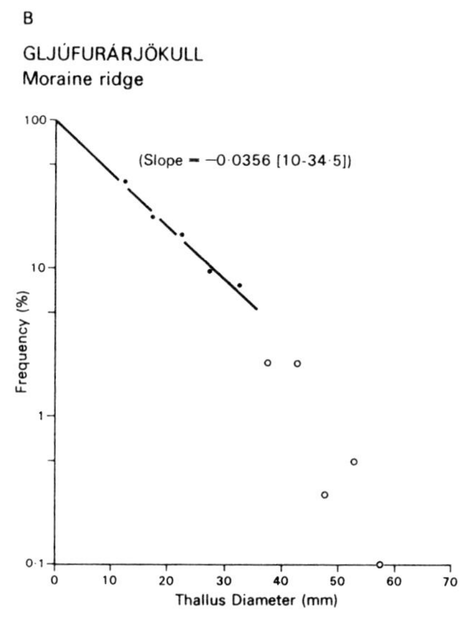

Fig. 6: Lichen size – frequency distributions for Gjúfurárjökull outer moraine

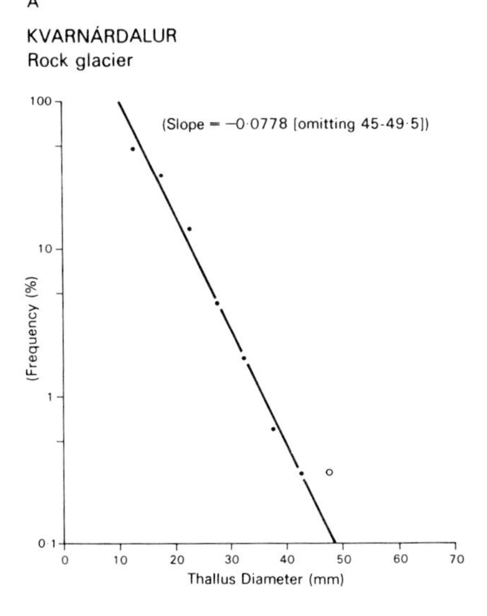

Fig. 7: Lichen size – frequency distributions for Kvarnárdalur rock glacier

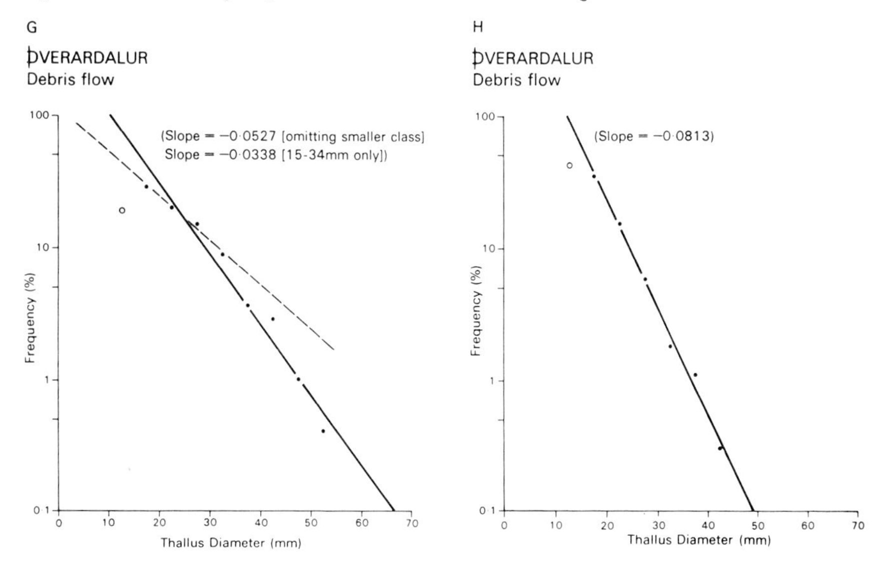

Fig. 8: Lichen size – frequency distributions for Thverardalur debris flows (see text for explanation of letters)

The occurrence of close fits to a negative log – linear distribution for the majority of the populations studied suggests that over the time period covered by these populations there has been no widespread disruption of lichen growth. Severe ash falls due to volcanic activity have not been recorded over the last 150 years but there is evidence for climatic severity, if not prolonged severity, during the 19th century (SIGFUSDOTTIR, 1969; SIGTRYGGSSON, 1972). The even development of populations of *Rhizocarpon geographicum* s.l. over at least 150 years at a range of sites and a range of altitudes (200 – 800m) could be interpreted as pointing to a non – climatic cause for the absence of large lichen thalli. Whether volcanic ash or internal population dynamics are the cause of lichen mortality remains unclear, although the close approximation of the maximum lichen ages with the period of high volcanic activity in the 1780's cannot be overlooked.

Fig. 9: Lichenometric dating of moraines in Skídadalur and Kolbeinsdalur

4. Holocene Glacier Variations in Tröllaskagi

4.1 'Little Ice Age' limits

Measurements of single largest lichens (longest axis) on outermost Holocene (i.e. post – Weichselian ice sheet disappearance) moraines at 18 glaciers in Skídadalur and Kolbeinsdalur (CASELDINE, 1987) has revealed that the majority of these moraines mark the limits of glacial advances which culminated in the late 'Little Ice Age'. These limits are certainly the most extensive Neoglacial limits and probably mark Holocene maxima once the remnants of Weichselian ice finally disappeared in the earliest part of the Holocene. Revision of the dating of these moraines based on the curve derived by KUGELMANN (1989) identifies five main periods of moraine abandonment: A.D. 1810 – 1820; 1845 – 1875; late 1880's – early 1890's; 1915 – 1925; late 1930's – early 1940's (Fig. 9). These periods agree well with the wider spatial range of sites examined by KUGELMANN, with the majority of limits falling within the periods 1865 – 1875 and in the 1890's. The possible reasons for this distribution of ages are discussed in more detail in KUGELMANN (1989). Accurate dating of 'Little Ice Age' limits preceding the calibrated lichen curve i.e. pre – 1890, is, as discussed above, still not possible, although it is thought probable that the pre – 1890 limits are not radically different from the suggested ages. In this context it is worth noting that in north west Iceland HJORT, INGOLFSSON & NORDDAHL (1985) similarly found maximum Neoglacial limits of late 'Little Ice Age' date at all their sites. Reinterpretation of their data using the growth rate of KUGELMANN also places the majority of moraines within the 1860's and 1870's.

Links between glacier retreat and summer temperatures have been proposed by CASELDINE (1985) based on the mass balance studies of BJÖRNSSON (1971) at Baegisárjökull (Fig. 1). The revision of the moraine dates does not substantially alter this inference. As the age of most of the moraines falls outside the range of climatic data available for Tröllaskagi any examination of the postulated relationship for moraine data earlier than the 1880's requires correlation with the longer but more distant temperature data from Stykkishólmur in western Iceland, or with inferred sea ice distributions.

4.2 Pre – 'Little Ice Age' Holocene limits

Evidence in Iceland for Holocene glacial advances beyond 'Little Ice Age' limits is relatively scarce. In Tröllaskagi a small number of glaciers appeared to extend beyond their 19th century advance limits as both STÖTTER (1989) and HÄBERLE (1989) have demonstrated. In Vatnsdalur (Fig. 1) STÖTTER has ^{14}C evidence showing advances around 6000 B.P. and between 3500 – 3000 B.P., whereas in Barkárdalur HÄBERLE has identified features which are of pre – 'Little Ice Age' date but the ^{14}C evidence is inconclusive as to their exact age. In Skídadalur MEYER & VENZKE (1985) identified two moraine ridges in front of the Klaengshóll rock glacier which they defined as 18th and 19th century positions. These have been interpreted by CASELDINE (1987) as marking earlier Holocene limits from the weathering characteristics on the moraines. Furthermore CASELDINE has also implied that several of the moraines in Skídadalur, especially the major terminal – lateral ridge at Klaengshóll inside these earlier Holocene limits and features in upper Skídadalur and Holárdalur, are of such a size that they must have been formed by more than one advance and thus mark limits reached earlier than the 'Little Ice Age'. Thus, for Tröllaskagi as a whole, although a large number of glaciers have not yet been studied, there is evidence for glacial advances of pre - 'Little Ice Age' date, some of which went beyond the 19th century positions. In view of the small number of these sites so far discovered it is uncertain why these glaciers reacted differently to the general pattern.

In other areas of Iceland more extensive pre - 'Little Ice Age' advances have been identified at Halsájökull in eastern Iceland (THORARINSSON, 1964), around the southern edge of Vatnajökull at Svínafellsjökull and Kvíarjökull (THORARINSSON, 1956), at Gigjökull, a northern outlet of Eyjafjallajökull, and at Sólheimajökull, an outlet glacier of the Myrdalsjökull ice cap (MAIZELS & DUGMORE, 1985; DUGMORE, 1989). In the latter case where earlier Holocene moraines lie up to 4km outside 'Little Ice Age' limits, DUGMORE (1989) has convincingly argued for a change in the catchment area of the glacier as being responsible for the behaviour of the glacier, which is in contrast to all other outlets he studied around Myrdalsjökull and Eyjafjallajökull. In the case of Gigjökull and the Vatnajökull outlet glaciers these may represent very early 'Little Ice Age' limits but there is tephrochronological evidence for a somewhat earlier date. Gigjökull, Svínafellsjökull and Kviärjökull are extremely short alpine - like glaciers with steep gradients likely to be extremely sensitive to climatic changes, but they terminate on broad sandier plains: DUGMORE (1989) argues that it is this topographic restraint that has inhibited the 'Little Ice Age' advances and allowed the build up of large composite moraines. As in northern and north west Iceland however, the evidence from the major Icelandic ice caps indicates that the maximum extension of glaciers in the Holocene took place in the 'Little Ice Age'.

5. Future Approaches to Developing Sequences of Holocene Glacier Variations in Northern Iceland

It is clear from the above that at present there is a relatively poor understanding of both the sequence and extent of Holocene glacial advances in the Tröllaskagi area of northern Iceland. Whereas there has been considerable progress made in unravelling the pattern over the last two centuries, information for earlier periods, even the early part of the 'Little Ice Age', is at best piecemeal. In order to improve understanding of the Holocene sequence as a whole it is suggested that research should concentrate in three principal areas and these are discussed below.

5.1 Derivation of independent palaeoclimatic records

One of the main aims of research into previous glacier oscillations is to establish the character of earlier climates and how and when variations occurred. There are however other soures of palaeoclimatic data for the Holocene timescale and these have as yet been poorly exploited in Tröllaskagi. Palaeoecological studies of suitable peat deposits have proved of value in estimating climatic parameters through the history of vegetation communities (BIRKS, 1986). In northern Iceland following early work by EINARSSON (1961, 1963) and BARTLEY (1973) little attention has been paid to the potential of palaeoecological studies. BARTLEY (1973) showed how a tephrochronological framework could be used in association with ^{14}C dating to provide an accurate and detailed temporal framework for such studies, and this line of research promises to provide valuable, well dated evidence for vegetation change. The closer that sites can be investigated to glaciers with good moraine sequences then the possibility of integrating the two lines of evidence will improve. As part of research in Skídadalur sites from the floor of the main valley are already being investigated and it is planned to extend this work to sites at higher altitudes.

5.2 Improvement of dating techniques

It is unlikely that lichenometry will prove applicable on a timescale longer than the last 200 – 300 years in the Tröllaskagi area, but the occurrence of so many important moraine limits within this period makes continued refinement of the technique of considerable importance, especially the calibration of growth curves. For Iceland as a whole it is necessary to establish to what extent lichen growth rates do vary across the country and whether the published variations are a genuine reflection of varying environmental controls or due to inadequacies of the calibration surfaces. Over the full Holocene timescale radiocarbon dating of deposits found in association with moraine sequences at lower altitudes will be necessary as demonstrated by STÖTTER (1989) and HÄBERLE (1989). At a large number of glaciers in the north it is unlikely that sufficient carbon will be available for dating, and until AMS dating of very small samples, such as lichen fragments perhaps, is refined, the impact of ^{14}C will not be great. Similar constraints of insufficient soil development hinders advances in tephrochronology in the north but again a refinement of the available tephrochronological sequence is necessary. At the high sites where most problems are encountered rock weathering may yet prove most valuable on the longer timescale assuming adequate calibration.

5.3 Lake sediment studies

Work in Scandinavia by KARLEN (1981, 1988) has demonstrated the potential of glacially – fed lakes as sediment sources providing a sequence of glacial activity for the Holocene. Current research by MATTHEWS & KARLEN (pers. comm.) is extending this approach to sites in southern Norway and also extending the range of techniques applied to the sediments. Palaeoecological analysis of the sediments is being undertaken by the author and provides details of the vegetation history of the catchments. Apart from the examination of variations in the sedimentological characteristics of the deposits by X Ray diffraction (KARLEN, 1981) measurement of remnant magnetism and palaeomagnetic properties (THOMPSON & OLDFIELD, 1986) is also being undertaken. Preliminary results appear to indicate that this combination of techniques, within a ^{14}C chronology, can provide a very full and detailed picture of change in the sediment input into the lake system consequent upon changes in the glacial source. The magnetite – rich basalts found in northern Iceland are suitable for palaeomagnetic analysis (BRADSHAW & THOMPSON, 1985) and despite possible problems associated with defining source areas for sediments in an environment where there is a potentially significant loessial component, this approach has much promise, and could provide the key to the Holocene glacial history of northern Iceland where suitable lakes can be found.

6. Conclusion

Studies of Holocene glacial history rest heavily upon an adequate chronological framework if they are to provide information of value to understanding climatic variability. Whilst there is no question that increasingly detailed information from Northern Iceland is now becoming available, the area of the Tröllaskagi peninsula offers considerable opportunities for further research. Many of the problems posed by the nature of the glacial record and the difficulties encountered in applying 'traditional' dating techniques will provide a stimulus to the development of alternative sources of information. The 'new sense of urgency' noted by WOOD (1988, p 404) behind studies of the behaviour of glaciers in response to the potential impact of trace – gas induced climatic changes, applies just as much to studies on the longer time – scale of the Holocene. Without detailed understanding of the complete Holocene sequence it will not be possible to adequately evaluate the current state of glacier activity and the possible links between changes in their mass and position and climatic variables.

7. Acknowledgements

Fieldwork in 1988 was supported by the University of Exeter and the Gino Watkins Fund of the Scott Polar Research Institute, Cambridge. Permission to work in the area was kindly given by the Icelandic Research Council and I am grateful to many people in the area for their kind hospitality, especially at Tjörn and Daeli. Fieldwork in previous years was supported by a range of bodies including the Royal Geographical Society. Assistance in the field was provided by Dr Helen Roberts, Hans Stötter and Tamara König and I am very grateful to Hans Stötter, Ottmar Kugelmann and Thomas Häberle for their comments and ideas on many points raised in the paper. The diagrams were produced in the Department of Geography, University of Exeter by Terry Bacon and Andrew Teed. I am particularly grateful to Prof. Dr. Wilhelm for the opportunity to present this work at the colloquium in Munich and for his encouragement to publish this work.

References

BARTLEY, D. (1973): The stratigraphy and pollen analysis of peat deposits at Ytri Baegisa near Akureyri, Iceland.
- Geologiska Foreningens i Stockholkm Förhandlingar, Volume 95, 410 - 414.

BENEDICT, J.B. (1981): The Fourth of July Valley: Glacial Geology and Archaeology of the Timberline Ecotone.
- Center for Mountain Archaeology, Research Report No. 2, Colorado.

BENEDICT, J.B. (1985): Arapaho Pass: Glacial Geology and Archaeology at the Crest of the Colorado Front Range.
- Center for Mountain Archaeology, Research Report No. 3, Colorado.

BERGTHORSSON, P. (1956): Barkárjökull.
- Jökull, Volume 6, p. 29.

BESCHEL, R.E. (1950): Flechten als Altermasstab rezenter Moränen.
- Zeitschrift für Gletscherkunde und Glazialgeologie, Volume 1, 152 - 161.

BIRKS, H.J.B. (1986): Late - Quaternary biotic changes in terrestrial environments and lacustrine environments, with particular reference to north - west Europe.
- B.E. Berglund (Editor), Handbook of Holocene Palaeoecology and Palaeohydrology, 3 - 66; Chichester.

BJÖRNSSON, H. (1971): Baegisárjökull, North Iceland. Results of glaciological investigations 1967 - 1968. I. Mass balance and general meteorology.
- Jökull, Volume 21, 1 - 23.

BRADSHAW, R., THOMPSON, R. (1985): The use of magnetic measurements to investigate the mineralogy of Icelandic lake sediments and to study catchment processes.
- Boreas, Volume 14, 203 - 216.

CASELDINE, C.J. (1983): Resurvey of the margins of Gljúfurárjökull and the chronology of recent deglaciation.
- Jökull, Volume 33, 111 - 118.

CASELDINE, C.J. (1985): The extent of some glaciers in Northern Iceland during the Little Ice Age and the nature of recent deglaciation.
- Geographical Journal, Volume 151, 215 - 227.

CASELDINE, C.J. (1987): Neoglacial glacier variations in Northern Iceland: Examples from the Eyjafjördur area.
- Arctic and Alpine Research, Volume 19, 296 - 304.

CASELDINE, C.J., MATTHEWS, J.A. (1985): ^{14}C dating of palaeosols, pollen analysis and landscape change: studies from the low – and mid – alpine belts of southern Norway.
– J. Boardman (Editor), Soils and Quaternary Landscape Evolution, 87 – 116, Chichester/New York.

CLIMAP (1976): The surface of ice age earth.
– Science, Volume 191, 1131 – 1144.

DAVIS, P.T. (1988): Holocene glacier fluctuations in the American Cordillera.
– Quaternary Science Reviews, Volume 7, 129 – 157.

DUGMORE, A.J., MAIZELS, J.A. (1985): A date with tephra.
– Geographical Magazine, Volume 57, 532 – 538.

DUGMORE, A.J. (1989): Tephrochronological studies of Holocene glacier fluctuations in south Iceland.
– J. Oerlemans (Editor), Glacier Fluctuations and Climatic Change, Dordrecht, 37 – 56.

EINARSSON, T. (1961): Pollen – analytische Untersuchungen zur spät – und postglazialen Klimageschichte Islands.
– Sonderveröffentlichungen des Geologischen Institutes der Universität Köln, Volume 6, 1 – 52.

EINARSSON, T. (1963): Pollen – analytical studies on the vegetation and climatic history of Iceland in Late – and Post – glacial times.
– A. Löve and D. Löve (Editors) North Atlantic Biota and their History, Oxford, 355 – 365.

GELLATLY, A.F., CHINN, T.J.H., RÖTHLISBERGER, F. (1988): Holocene glacier variations in New Zealand: A review.
– Quaternary Science Reviews, Volume 7, 227 – 242.

GEYH, M., RÖTHLISBERGER, F., GELLATLY, A.F. (1985): Reliability tests of ^{14}C dates from palaeosols in glacier environments.
– Zeitschrift für Gletscherkunde und Glazialgeologie, Volume 21, 275 – 281.

GORDON, J.E., SHARP, M. (1983): Lichenometry in dating recent landforms and deposits, Southeast Iceland.
– Boreas, Volume 12, 191 – 200.

GROVE, J.M. (1979): The glacial history of the Holocene.
– Progress in Physical Geography, Volume 3, 1 – 54.

GROVE, J.M. (1988): The Little Ice Age.
– London/New York.

HÄBERLE, T. (1989): Gletschergeschichtliche Untersuchungen im Barkárdalur, Tröllaskagi.
- Münchener Geographische Abhandlungen, Reihe B.

HAINES - YOUNG, R.H. (1988): Size - frequency and size - density relationships in populations from the *Rhizocarpon* sub - genus Cern. on morainic slopes in southern Norway.
- Journal of Biogeography, Volume 15, 863 - 878.

HEDGES, R.E.M. (9184): Radiocarbon and other nucleide measurements by accelerator mass spectrometry.
- Nuclear Instruments and Methods, Volume 220, 211 - 216.

HJORT, C., INGOLFSSON, O., NORDDAHL, H. (1985): Late Quaternary geology and glacial history of Hornstrandir, Northwest Iceland: A reconnaissance study.
- Jökull, Volume 35, 9 - 28.

INNES, J.L. (1983): Size frequency distribution as a lichenometric technique: an assessment.
- Arctic and Alpine Research, Volume 15, 285 - 294.

INNES, J.L. (1985): Lichenometry.
- Progress in Physical Geography, Volume 9, 187 - 254.

JAKSCH, K. (1970): Beobachtungen in den Gletschervorfeldern des Sólheimar und Sídujökull in Sommer 1970.
- Jökull, Volume 20, 45 - 49.

JAKSCH, K. (1978): Das Gletschervorfeld des Sólheimajökull.
- Jökull, Volume 25, 34 - 38.

JAKSCH, K. (1984): Das Gletschervorfeld des Vatnajökull am Oberlauf der Djupá, Südisland.
- Jökull, Volume 34, 97 - 103.

KARLEN, W. (1981): Lacustrine sediment studies.
- Geografiska Annaler, Volume 63A, 273 - 281.

KARLEN, W. (1988): Scandinavian glacial and climatic fluctuations during the Holocene.
- Quaternary Science Reviews, Volume 7, 199 - 209.

KUGELMANN, O. (1989): Datierungen neuzeitlicher Gletscherschwankungen im Svarfadar - Skídadalur mittels einer neuen Flechteneichkurve.
- Münchener Geographische Abhandlungen, Reihe B.

LARSEN, G. (1978): Gjóskulög í nágrenni Kötlu (Tephra layers in the vicinity of Katla).
- Unpublished B.Sc. Hons thesis, University of Iceland, 66 pp.

LOCKE, W.W., ANDREWS J.T., WEBBER, P.J. (1979): A manual for lichenometry.
- British Geomorphological Research Group Technical Bulletin, 26, 47pp.

MAHANEY, W.C. (1984): Quaternary Dating Methods.
- Rotterdam.

MAIZELS, J.A., DUGMORE, A.J. (1985): Lichenometric dating and tephrochronology of sandur deposits, Sólheimajökull area, southern Iceland.
- Jökull, Volume 35, 69 – 77.

MATTHEWS, J.A. (1980): Some problems and implications of ^{14}C dates from a podzol buried beneath an end moraine at Haugabreen, southern Norway.
- Geografiska Annaler, Volume 62A, 185 – 208.

MATTHEWS, J.A. (1981): Natural ^{14}C age/depth gradient in a buried soil.
- Naturwissenschaften, Volume 68, 472 – 474.

MATTHEWS, J.A. (1985): Radiocarbon dating of surface and buried soils: principles, problems and prospects.
- R.R. Arnett & S. Ellis (Editors) Geomorphology and Soils, 87 – 116, London.

MATTHEWS, J.A., INNES, J.L., CASELDINE, C.J. (1986): ^{14}C dating and palaeoenvironment of the historic 'Little Ice Age' glacier advance of Nigardsbreen, southwestern Norway.
- Earth Surface Processes, Volume 11, 369 – 375.

MATTHEWS, J.A., SHAKESBY, R.A. (1984): The status of the 'Little Ice Age' in southern Norway: relative – age dating of Neoglacial moraines with Schmidt Hammer and lichenometry.
- Boreas, Volume 13, 333 – 346.

MEYER, H.H., VENZKE, J.F. (1985): Der Klaengshóll – Kargletscher in Nordisland.
- Natur und Museum, Volume 115, 29 – 46.

MÜLLER, H.N. (1984): Spätglaziale Gletscherschwankungen in den westlichen Schweizer Alpen (Simplon – Süd und Val de Nendaz, Wallis) und im Nordisländischen Tröllaskagi – Gebirge (Skídadalur). – Näfels.

MÜLLER, H.N. ET AL. (1984): Glaziale und Periglazialuntersuchungen im Skídadalur, Tröllaskagi (N – Island).
- Polarforschung, Volume 54, 95 – 109.

OERLEMANS, J. (1988): Simulation of historic glacier variations with a simple climate – glacier model.
- Journal of Glaciology, Volume 34, 333 – 341.

PORTER, S.C. (1981): Glaciologic evidence of Holocene climatic change.
- T.M.L. Wigley, M.J. Ingram & G. Farmer (Editors) Climate and History: Studies in Past Climates and their Impact on Man, 82 – 110, Cambridge.

PORTER, S.C. (1986): Pattern and forcing of northern hemisphere glacier variations during the last millennium.
- Quaternary Research, Volume 26, 27 – 48.

RIND, D. ET AL. (198): The impact of cold North Atlantic sea-surface temperatures on climate: implications for the Younger Dryas cooling.
- Climate Dynamics, Volume 1, 3-33.

SHARP, M., DUGMORE, A. (1985): Holocene glacier fluctuations in eastern Iceland.
- Zeitschrift für Gletscherkunde und Glazialgeologie, Volume 21, 341-349.

SIGFUSDOTTIR, A.B. (1969): Temperature in Stykkisholmur 1846-1968.
- Jökull, Volume 19, 7-10.

SIGTRYGGSSON, H. (1972): An outline of sea ice conditions in the vicinity of Iceland.
- Jökull, Volume 22, 1-11.

STÖTTER, J. (1989): Neue Beobachtungen und Überlegungen zum Verlauf des Postglazials Islands am Beispiel des Svarfadar-Skidadals.
- Münchener Geographische Abhandlungen, Reihe B.

THOMPSON, R., OLDFIELD, R. (1976): Environmental Magnetism.
- London.

THOMPSON, A., JONES, A. (1986): Rates and causes of proglacial river terrace formation in south east Iceland; an application of lichenometric dating techniques.
- Boreas, Volume 15, 231-246.

THORARINSSON, S. (1943): Oscillations of the Icelandic glaciers in the last 250 years.
- Geografiska Annaler, Volume 25, 1-54.

THORARINSSON, S. (1944): Tefrokronologiska studier pa Island.
- Geografiska Annaler, Volume 26, 1-215.

THORARINSSON, S. (1956): On the variations of Svínafellsjökull, Skaftafellsjökull and Kviarjökull in Öraefi.
- Jökull, Volume 6, 1-15.

THORARINSSON, S. (1964): On the age of the terminal moraines of Brúarjökull and Halsájökull.
- Jökull, Volume 14, 67-75.

THORARINSSON, S. (1966): The age of the maximum postglacial advance of Hagafellsjökull eystri - a tephrochronological study.
- Jökull, Volume 16, 207-210.

THORARINSSON, S. (1981): The application of tephrochronology in Iceland.
- S. Self. & R.S.J. Sparks (Editors), Tephra Studies, 109-134, Rotterdam.

WOOD, F.B. (1988): Global alpine glacier trends, 1960s to 1980s.
- Arctic and Alpine Research, Volume 20, 404-413.

WORSLEY, P. (1987): Lichenometry. - A. Goudie (Editor), Geomorphological Techniques, 302-305, London.

Neue Beobachtungen und Überlegungen zur postglazialen Landschaftsgeschichte Islands am Beispiel des Svarfadar – Skídadals

J. Stötter
Institut für Geographie
Ludwig – Maximilians – Universität München

Zusammenfassung

Der direkte Kontakt der Gletscher und Eisstromnetze im Tröllaskagi Gebirge mit dem Inlandeis ist bereits im frühen Spätglazial verloren gegangen. Daraus ergab sich eine eigenständige, geomorphologische Entwicklung des Gebietes. Die vom Typ her alpinen Gletscher des Tröllaskagi konnten wesentlich direkter und sensiblerer auf klimatische Veränderungen reagieren als das relativ träge Inlandeis (*time – lag*). Das Tröllaskagi Gebirge bietet sich deshalb als ein geeigneter Raum zur Erforschung isländischer Landschaftsgeschichte an.

Die hier vorgestellten Ergebnisse zeigen erste Schritte zu einer Klärung der Frage nach dem Verlauf der postglazialen Landschaftsentwicklung dieses Gebietes.

Anhand eines Moränenaufschlusses im Vatnsdalur lassen sich zwei Gletschervorstöße während des Postglazials nachweisen und mittels erster Radiokarbonergebnisse zeitlich grob einordnen. Der erste Vorstoß fällt in den Zeitraum zwischen etwa 6000 BP und 4800 BP, der zweite liegt zwischen 3400 BP und 2800 BP. Als Bezeichnung für diese Vorstöße werden die Lokalnamen *Vatnsdalur I* und *Vatnsdalur II* vorgeschlagen. Hinweise für weitere, ebenfalls postglaziale Vorstöße sind vorhanden.

Infolge der Ablagerungen der Hekla – Tephra H_4 und H_3 wurde das Ökosystem jeweils stark gestört und destabilisiert. Daraus resultierte eine erheblich verstärkte Verlagerung von Lockermaterial und gleichzeitig eine reduzierte Bodenbildung.

Abstract

Early in the lateglacial period the glaciers of the Tröllaskagi peninsula became independent. These little alpine glaciers could react on climatic influences in a more sensitive and direct way. and preserve more information about paleo – environmental changes. Thus the landscape of the Tröllaskagi mountains provides best conditions for research on the environmental history of Iceland.

By means of moraine analysis a first attempt is made towards a chronology of the postglacial environmental history of this area. Two glacial advances can be traced

and dated to the periods of 6000 – 4800 BP and 3400 – 2800 BP. The local terms *Vatnsdalur I* and *Vatnsdalur II* are suggested for these advances. Beside those there a remnants of some older advances during the early postglacial period.
The deposition of tephra of the $Hekla_4$ – and $Hekla_3$ – eruptions had heavy impact on the ecosystem, such as destabilization of slope material and degradation of soil development.

1. Einleitung

Untersuchungen paläoklimatischer Verhältnisse wird gegenwärtig in steigendem Maße Aufmerksamkeit gewidmet. Durch entsprechende Teilprogramme in nationalen und internationalen Klimaforschungsprojekten wird diese Forschungsrichtung auch entsprechend gefördert. Die Bedeutung der Paläoklimaforschung liegt einerseits in der Rekonstruktion früherer Klimazustände; andererseits sollen diese Daten über das Vorzeitklima als Analogzustände zu erwarteten Klimaveränderungen dienen, um diese im Modellansatz besser erfassen zu können.
Um Aussagen über Zeiträume vor dem Beginn der Instrumentenmessung, im 17. Jahrhundert (RUDLOFF, 1965) machen zu können, muß auf in Landschaften gespeicherte Informationen zurückgegriffen werden. Derartige Informationspotentiale können alle Elemente der Landschaft darstellen. Die Aufgabe der landschaftsgeschichtlichen Forschung ist es, dieses Potential für die wissenschaftliche Interpretation und Weiterverarbeitung inwertzusetzen.
Da in Island der Beginn der anthropogenen Aktivitäten durch die Siedlungsgeschichte der Wikinger sehr genau bekannt ist, läßt sich in entsprechenden Räumen die Umwandlung von Natur – in Kulturlandschaft gut nachvollziehen. Bei vielen Beobachtungen kann somit die Einflußnahme durch menschliches Agieren ausgeschlossen werden, so daß ein ungestörtes Wirkungsgefüge *Klima – Landschaft* vorliegt. Island bietet damit ideale Voraussetzungen für paläoklimatische Forschungen.
Ein weiterer Grund, der Island für derartige Untersuchungen prädestiniert, ist die eindeutige Abgrenzbarkeit, die das Ökosystem sowie die darauf einwirkenden Elemente in einem gewissen Rahmen überschaubar machen. Auch die Lage Islands in der subpolaren Zone, in der Ökoysteme besonders sensibel auf Schwankungen des Klimas reagieren, ist für solche Forschungen förderlich. Schon geringe klimatische Veränderungen haben eine direkte, merkbare Auswirkung auf Vegetation und Gletscher und werden durch Lageveränderungen der Baum – und Schneegrenze sichtbar. Aufgrund der geringen Höhenerstreckung der Ökumene in Island beeinflussen sie direkt den menschlichen Lebens – und Wirtschaftsraum.
Island ist ein wichtiges Bindeglied zwischen Nordamerika und Europa. Für beide

liegen schon recht differenzierte Vorstellungen über die päläoklimatischen Verhältnisse vor. Die Integration Islands kann als ein wichtiger Schritt zum weiteren Verständnis der Zirkulationsprozesse auf der N - Hemisphäre in vergangenen Zeiträumen gesehen werden.
So lassen sich aus den Witterungsabläufen um Island auch Rückschlüsse auf das europäische Klima ziehen, da die mittlere Lage der Polarfront, aus deren labilen Wellen die in Europa wetterwirksam werdenden Zyklonen hervorgehen, nach BLÜTHGEN & WEISCHET (1980) im Sommer um Island pendelt.
In diesem Sinne ist eine landschaftsgeschichtliche Forschung in Island nicht nur als eine regionale Studie sondern auch als ein Beitrag zur vergleichenden Landschafts - und Klimageschichte zu sehen.

2. Untersuchungsgebiet Svarfadardalur - Skídadalur

Das Untersuchungsgebiet Svarfadardalur - Skídadalur liegt im N - isländischen Tröllaskagi Gebirge. Das 451.5 km^2 große Gebiet umfaßt die Einzugsgebiete der Svarfadardalsá (nominell der Hauptfluß) und der Skídadalsá (siehe Abb. 1). Es reicht von der Wasserscheide zwischen Skagafjördur und Eyjafjördur in etwa 1300 - 1400 m Höhe bis zur Mündung der Svarfadardalsá bei Dalvík ins Meer.
Das Talssystem ist in die tertiären Plateaubasalte eingeschnitten, die Islands jungvulkanische Zone im W begrenzen. Nach SÆMUNDSSON ET AL. (1980) ist das Alter der im Untersuchungsgebiet anstehenden Gesteine mit etwa 9 - 10.5 Mio Jahren anzusetzen. Während der Vereisungen des Pleistozäns wurde das Gebiet stark überformt, so daß es heute einen vorwiegend glazial und periglazial (nach dem Eisfreiwerden setzte eine intensive periglaziale Morphodynamik ein, die rezent noch in allen Höhenstufen vom Meer bis zu den Gipfelplateaus wirksam ist) Formenschatz aufweist.
Die klimatischen Verhältnisse lassen sich für den küstennahen Bereich mit einer Jahresmitteltemperatur von 3.5 - 4°C und um 500 mm mittleren Jahresniederschlag relativ gut kennzeichnen. Für die inneren, höher gelegenen Bereiche sind vor allem die Angaben über den Niederschlag vorwiegend spekulativ; sie reichen von etwa 1000 mm (VENZKE & MEYER, 1986) bis 1601 - 2400 mm (EYTHORSSON & SIGTRYGGSSON, 1971).
Bis in etwa 200 m Höhe wird der Talbereich durch Milchviehhaltung intensiv landwirtschaftlich genutzt. In dieser Höhe finden sich auch die höchstgelegenen Bauernhöfe. Die darübern liegenden Bereiche dienen vorwiegend als extensive Weideflächen für Schafe, Pferde und Jungrinder.

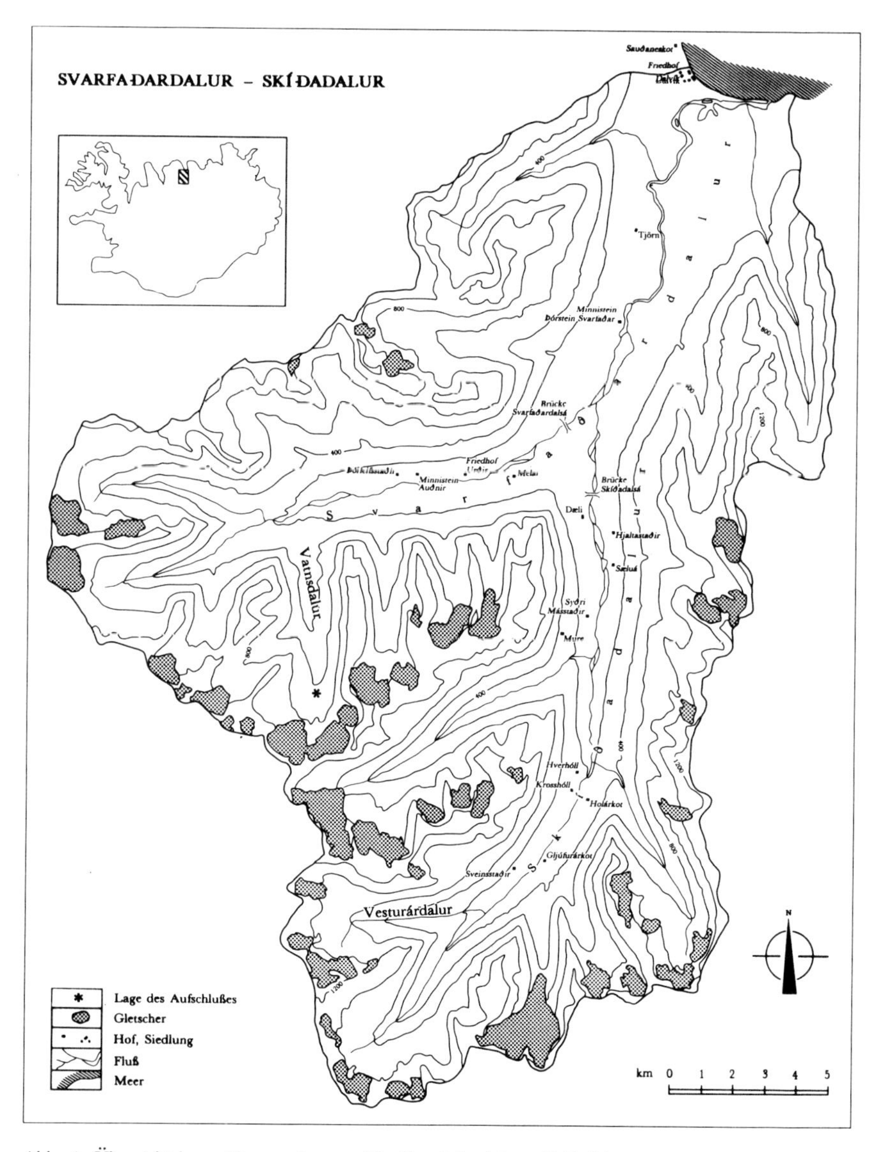

Abb. 1: Übersichtskarte Untersuchungsgebiet Svarfadardalur – Skídadalur

3. Kenntnisstand zur postglazialen Landschaftsgeschichte Islands

In seinem Überblick über die globale postglaziale Gletschergeschichte zeigt RÖTHLISBERGER (1986) u. a. die Klimaentwicklung in N – Amerika am Beispiel von Alaska/Yukon und in Europa durch Skandinavien sowie die Alpen auf. Diese Entwicklungsreihen (siehe Abb. 2) sind durch zwei Merkmale gekennzeichnet:

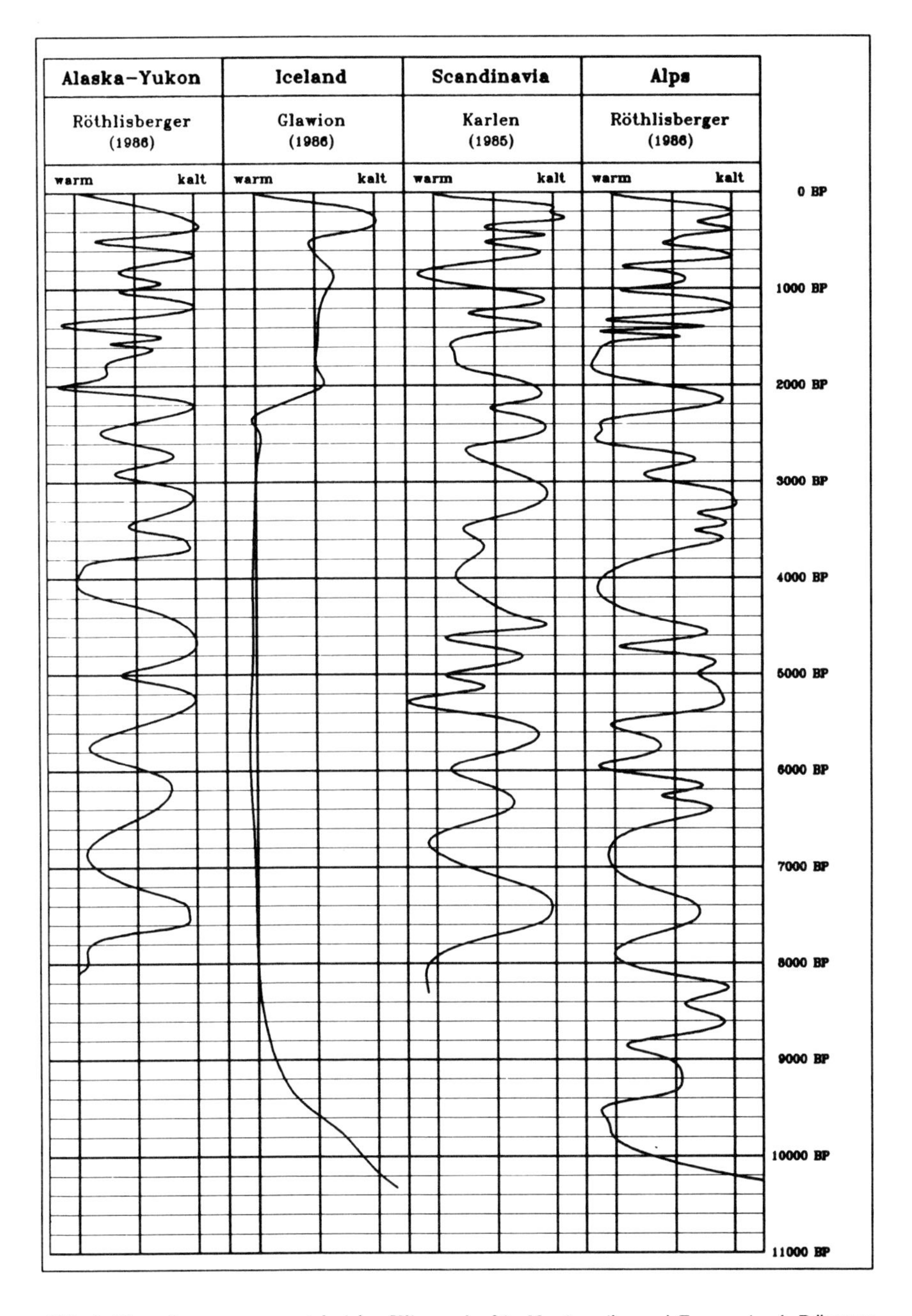

Abb. 2: Vorstellungen zum postglazialen Klimaverlauf in N – Amerika und Europa (nach RÖTHLISBERGER (1986), GLAWION (1986))

1. Sie haben einen mehr oder weniger ähnlichen Verlauf.
2. Sie zeichnen sich durch einen vielfachen Wechsel zwischen *"kalten"* Vorstoßphasen und *"warmen"* Rückschmelzphasen aus.

Wenn man die Kurven für die isländischen Temperatur- und Niederschlagsverhältnisse für diesen Zeitraum damit vergleicht, wie sie von GLAWION (1986) zusammenfassend gezeigt werden, so lassen sich aufgrund der undifferenzierten Linienführung der Kurvn keine Ähnlichkeit erkennen. Dies kann zwei Gründe haben:

1. Entweder haben sich in Island die klimatischen Verhältnisse absolut unabhängig und unterschiedlich entwickelt, oder
2. der Stand der Forschung ist aufgrund irgendwelcher, zu untersuchender Gründe auf einem nicht äquivalenten Stand geblieben.

Eine kurze Betrachtung über die Entwicklund des Kenntnisstandes in Island gibt darüber erste Antworten. Glazialgeschichtliche und pollenanalytische Untersuchungen liegen diesen Erkenntnissen zugrunde.

S. THORARINSSON (1956) kommt zu dem Ergebnis, daß Kviár-, Skaftafells- und Svinafellsjökull, drei südliche Auslaßgletscher des Vatnajökull, um 2500 BP einen starken Vorstoß hatten, der über das neuzeitliche Maximum hinausreichte. Da er die Tephralage $Ö_{1362}$ (sie stammt vom Öræfiausbruch im Jahre 1362) in Moränenprofilen fand, mußte der Vorstoß also älter sein. THORARINSSON (1956, S. 7) schreibt: *"...in my opinion it* (Anm. die Moräne) *was most likely formed as a result of the climatic deterioration during the first centuries of the Subatlantic Time, that began at ab. 600 BC."* Hieraus resultiert die von vielen Autoren immer wieder aufgegriffene Annahme eines subatlantischen Gletschervorstoßes, ohne daß allerdings ein derartiger Vorstoß jemals absolut datiert wurde.

Am N-Rand des Hofsjökull beschreibt KALDAL (1978) acht Moränenwälle, die rechtwinklig zum Rand der heutigen Eiskappe verlaufen. Aufgrund dieser Anordnung werden sie dem rückschmelzenden Inlandeis zugeordnet. Bezugnehmend auf THORARINSSONs subatlantische Moränen werden sie als älter als diese, folglich präboreal (bei der äußersten Moräne wird auch ein spätglaziales Alter in Erwägung gezogen) bezeichnet. Zusätzlich wird festgestellt daß alle Eiskappen während der *postglazialen Wärmezeit* verschwunden waren und *"like all the large ice-caps in Iceland, the present Hofsjökull is supposed to have started to form during the cold period that began 2500 years ago, i. e. in Subatlatic times"*. (KALDAL, 1978, S. 29)

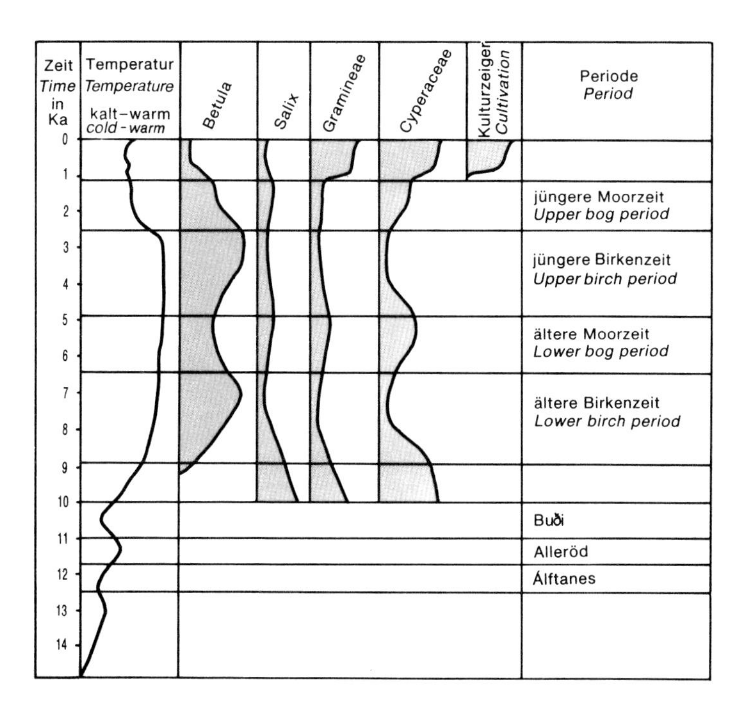

Abb. 3: Postglaziale Pollenzonierung und Temperaturverlauf (nach EINARSSON (1968))

Diese *"Erkenntnisse"* zur altersmäßigen Einordnung von KALDAL sind allerdings keine wirklich originären Leistungen. Sie lehnen sich vielmehr an die Ergebnisse an, die T. EINARSSON (1961) durch seine pollenanlytischen Untersuchungen erhielt (siehe Abb. 3). Er gliedert seine Pollendiagramme zusammenfassend in 4 Zonen:

- ältere Birkenzeit
- ältere Moorzeit
- jüngere Birkenzeit
- jüngere Moorzeit

In seiner, dieser Pollenzonierung angepaßten Temperaturkurve (siehe Abb. 3) fordert EINARSSON (1968) eine *postglaziale Wärmezeit* von etwa 9000 BP (Ende des Präboreals) bis etwa 2500 BP (Beginn des Subatlantikums).

Bis heute hat dieses relativ starre Schema bestand. Zweifel daran wurden nicht bekannt. Eine Generation von Wissenschaftlern preßte ihre Ergebnisse in dieses vorgegebene Schema.

Abb. 4: Geomorphologische Kartierung inneres Vatnsdalur

4. Moränen im Vatnsdalur

4.1. Allgemeines

Das Vatnsdalur ist mit einer Fläche von 20.0 km^2 das größte der südlichen Seitentäler des Svarfadardals. Mit dem als Hängetal mündenden Tverdalur besitzt es selbst ein Seitental. Die Gesamtfläche der 6 Gletscher, von denen 4 im Talschluß des Vatnsdals liegen, beträgt 3.72 km^2. Es ist mit einem vergletscherten Anteil von etwa 18.5 % eines der rezent am stärksten vergletscherten Seitentäler im Untersuchungsgebiet Svarfadardalur - Skídadalur (siehe Abb. 4).

4.2. Moränenkomplex vor dem Gletschervorfeld

Direkt an das Gletschervorfeld des Vatnsdalsjökulls, mit einer Fläche von 1.30 km^2 der größte Gletscher, anschließend befindet sich ein Endmoränenkomplex, der auf weite Strecken gut erhalten ist. Nicht weit entfernt von der Spitze des Blockgletschers (718 m über Meer) beginnend zieht der östliche Teil des Moränenkomplexes in einem leichten Bogen bis zu seinem tiefsten Punkt (668 m über Meer) am Gletscherbach herab. Die Mächtigkeit der Wälle übersteigt nie 2.5 m. Erst ca. 50 m westlich des Baches setzt der Wall wieder ein, ist hier aber wesentlich undeutlicher erhalten.

Abb. 5: Moränenkomplex im Vatnsdalur (Foto O. KUGELMANN)

Die Unterscheidung vom historischen Gletschervorfeld ist leicht möglich. Erstens ist das Gletschervorfeld bis auf einige wenige Pionierpflanzen weitgehend vegetationsfrei. Da Feinmaterial fast völlig fehlt (Ausblasung und Auswaschung), unterscheiden sich die Wälle im Gletschervorfeld und der dazwischen liegende Bereich der Moränenstreu deutlich von der vegetationsbedeckten Moränen außerhalb, auf denen sich mächtige Böden entwickelt haben.

Den Übergang zwischen Gletschervorfeld und älterer Moräne bildet ein ebenfalls vegetations- und feinmaterialarmer, von der Materialzusammensetzung dem Gletschervorfeld sehr ähnlicher Gürtel, der sich aber aufgrund der unterschiedlichen Farbe der Steine deutlich dagegen abhebt. Während die Steine im Gletschervorfeld eine graue, frische Farbe aufweisen, sind die Steine außerhalb von einer relativ dicken, gelblich braunen Verwitterungskruste überzogen.

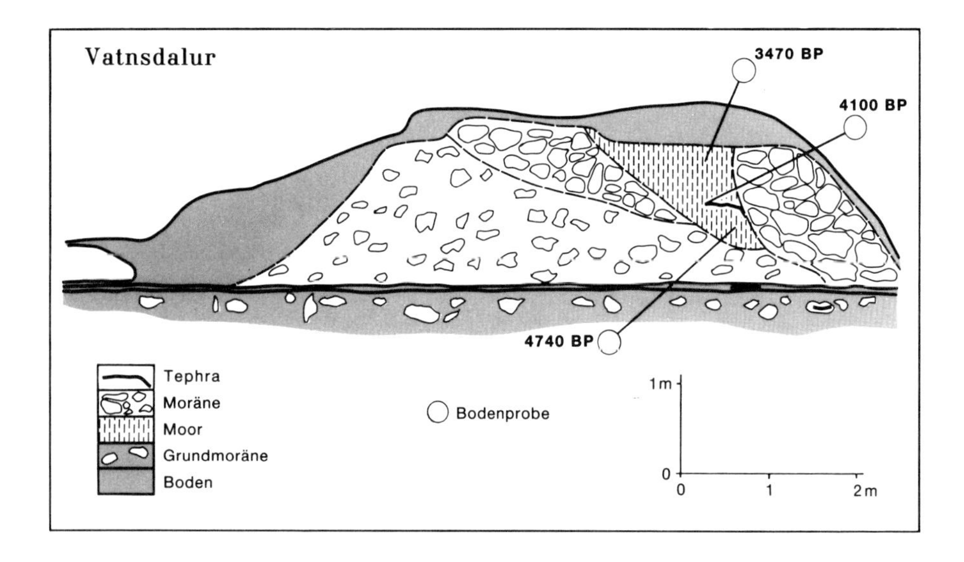

Abb. 6: Querschnitt durch den Moränenkomplex im Vatnsdalur

Am tiefsten Punkt wurde dieser Moränenkomplex aufgegraben. Im Liegenden findet sich Moränenmaterial, das als Grundmoräne oder Moränenstreu eines älteren, größeren Gletschers interpretiert wird. Darüber hat sich ein heute fossiler Boden entwickelt. In diesem bis zu 10 cm mächtigen verbraunten Horizont sind die Spuren einer Tephralage erhalten. Darüber liegt der mehrgliedrige, postglaziale Moränenkomplex, der aus zwei an der Oberfläche erkennbaren Moränen besteht, die durch einen Torfkörper getrennt werden. Dieser Torfkörper beinhaltet ebenfalls wieder die Reste eines Tephrabandes. Die äußere Moräne ist zweigeteilt in einen unteren, feinmaterialreichen und einen oberen, feinmaterialarmen Teil. Die innere Moräne ist dagegen sehr blockig und weist fast keinen Feinmaterialanteil auf. Dieser ganze Moränenkomplex wird von einem gut entwickelten, verbraunten Boden überdeckt, der an der Außenseite wesentlich mächtiger ist. Dies wird auf die äolische Materialverlagerung aus dem Gletschervorfeld zurückgeführt, die im Lee des Moränenkomplexes einen ersten Akkumulationsbereich findet.

4.3. Genetische und altersmäßige Interpretation

Im Zeitraum zwischen etwa 6000 BP (dieses Datum wird durch die H_5 – Tephra

im fossilen Boden unter dem Moränenkomplex gegeben) und 4740 ± 205 BP (GSF - IS 2/87) stieß der Vatnsdalsjökull vor und lagerte als Endmoräne den äußeren Teil des Moränenkomplexes ab (siehe Abb. 7a). Da bis jetzt noch keine Altersdatierung des unter dem Moränenkomplexes liegenden Boden vorliegt, ist die genauere zeitliche Einordnung des Vorstoßes noch unsicher. Da HÄBERLE (1990, in Vorb.) vor einer in ähnlicher Lage im Barkárdalur gelegenen Moräne einen fossilen Boden auf 5950 ± 110 BP datieren konnte, ist zu vermuten, daß sich der Gletschervorstoß innerhalb dieser beiden Zeitmarken ereignete. Möglicherweise handelt es sich hierbei sogar um einen zweigeteilten Vorstoß, der sich jedoch zeitlich nicht abtrennen läßt. Die deutliche Unterteilung der Moräne in einen durch relativ hohen Feinmaterialanteil charakterisierten äußeren Bereich und einen fast feinmaterialfreien, blockigen inneren Bereich läst eine solche Vorstellung zu. Da allerdings an dem scharfen Grenzsaum zwischen diesen beiden Teilen keine Spur einer Bodenbildung zu finden ist, muß davon ausgegangen werden, daß beide Ablagerungen innerhalb eines relativ kurzen Zeitintervalls stattgefunden haben.
Nach dem Rückschmelzen des Gletschers begann ein Zeitraum mit sehr großer Klimagunst. Hinter der als eine Art Staudamm wirkenden Moräne bildete sich ein Moor (siehe Abb. 7b). Die Ausdehnung dieses Moores scheint nicht bedeutend gewesen zu sein. Nur durch die Ablagerung der H_4 - Tephra (Torfmaterial um diesen Horizont wurde auf 4100 ± 190 BP (UZ 2415/ETH 4115) datiert) unterbrochen scheint die Moorbildung ziemlich ungestört abgelaufen zu sein. Zumindest finden sich innerhalb der Moorablagerungen keine Spuren die auf irgendwelche klimatisch bedingten Störungen während des Bildungszeitraumes hindeuten. Es besteht die begründete Annahme, daß der Zeitraum der Moorbildung, der durch die beiden ^{14}C - Alter von 4740 ± 205 BP und 3470 ± 160 BP (GSF - IS 1/87) nur minimal erfaßt wird, der klimagünstigste während des gesamten Postglazials war. Hierfür spricht erstens die Tatsache, daß heute in entsprechender Höhenlage kein aktive Moorbildung mehr beobachtet werden kann. Weiterhin zeigt ein Profil im Vesturárdalur (etwa 500 m über Meer) direkt unterhalb der H_4 - Lage einen Birkenhorizont. Nach KRISTINSSON (mdl. Mitt., 1988) ist die potentielle Birkengrenze in diesem Gebiet heute in einer Höhe von etwa 350 m über Meer anzusetzen.

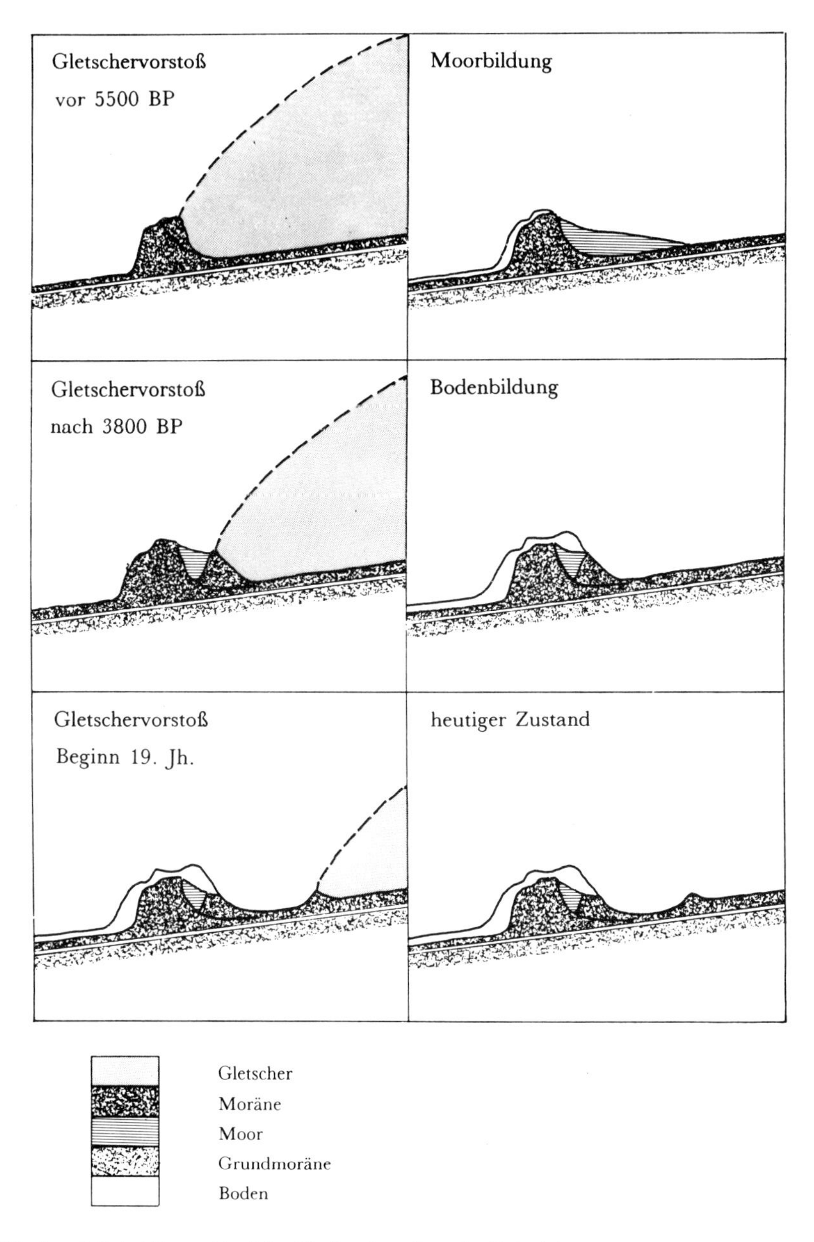

Abb. 7a – f: Entwicklungsablauf des Moränenkomplexes im Vatnsdalur

Beim Wiedervorstoß des Vatnsdalsjökulls nach 3470 BP, der nicht ganz an die Größe des älteren Vorstoßes heranreichte, wurde das Moor leicht aufgeschoben und gestaucht, blieb aber in dem Zwischenraum zwischen beiden Moränen erhalten (siehe Abb. 7c). Die Ablagerung dieser blockigen Moräne, in der fast

keine Spuren von Feinmaterial zu finden sind, läßt sich mit den Ergebnissen aus dem Vatnsdalur zeitlich nicht exakt eingrenzen. Wenn man aber wieder auf die Resultate aus dem Barkárdalur zurückgreift, ist eine relativ enge Begrenzung denkbar. Nach HÄBERLE (1990, in Vorb.) hat die Basis der intramoränischen Bodenbildung dort ein Alter von 3000 ± 95 BP.
Aufgrund der Moränensituation sind weitere Vorßtöße in vorhistorischer Zeit dann an dieser Stelle nicht nachweisbar. Das soll allerdings nicht heißen, daß der folgende Zeitraum, in dem sich auf dem Moränenkomplex ein mächtiger Boden entwickelte (siehe Abb. 7d) immer klimatisch günstig war. Für eine klima- oder gletschergeschichtliche Gliederung dieses folgenden Zeitraumes bieten sich hier keine Anhaltspunkte; Untersuchungen an anderen Stellen sind dafür notwendig.
Der nächste extreme Gletschervorstoß läßt sich erst in historischer Zeit nachweisen (siehe Abb. 7e). Nach den lichenometrischen Untersuchungen von KUGELMANN (1989) rückte der Vatnsdalsjökull zu Beginn des 19. Jahrhunderts bis nahe an den Moränenkomplex heran. Die dabei abgelagerte Moräne ist relativ klein und macht, verstärkt durch das fast vollkommene Fehlen von Feinmaterial einen ziemlich verwaschenen Eindruck. In Abb. 7f ist die heutige Situation zu sehen.
Diese Ergebnisse zeigen eine gute Übereinstimmung mit den Resultaten, die DUGMORE (1989) im Gletschervorfeld des Sólheimajökull, einem Auslaßgletscher des Mýrdalsjökull in S-Island, aufgrund seiner tephrochronologischen Untersuchungen erzielte. Er kann zwei Vorstöße im Zeitraum zwischen 7000 BP und 4500 BP sowie vor 3100 BP nachweisen, die er allerdings auf Veränderungen im Einzugsgebiet zurückführt. Ob es sich hierbei um gleichartige Vorstöße handelt, kann hier nicht entschieden werden, es zeigt jedoch, daß auch an anderer Stelle in Island das starre bisherige Konzept der postglazialen Klimageschichte neue Varianten erhält.

4.4. Ältere Moränen

Nicht weit außerhalb der beschriebenen Moränen befindet sich eine weitere relativ große Moräne (siehe Abb. 4). Hierbei handelt es aufgrund ihres Verlaufs wahrscheinlich um die Stirnmoräne eines vereinten Vatnsdalsjökulls. Die Lage deutet darauf hin, daß dieser große Gletscher im Mittelmoränenbereich zwischen dem Hauptgletscher und den beiden östlichen Gletschern am weitesten vorgestoßen ist. Heute liegt zwischen den entsprechenden aktuellen Gletschern ein großer Blockgletscher, dessen Ursprung im Sporn zwischen dem Hauptgletscher und seinem direkten östlichen *"Nachbarn"* liegt. Durch die *"verdoppelte"* Erosionsleistung zu beiden Seiten des Sporns wurde dem Gletscher (wird den Gletschern) im Bereich der Mittelmoräne (rechten bzw. linken Seitenmoräne) wesentlich mehr Material

zur Verfügung gestellt als in den anderen Bereichen der Karumrahmung. Dieser rezent im ganzen Untersuchungsgebiet zu beobachtende genetische Zusammenhang zwischen Felsspornen und Blockgletschern, vielleicht auch *ice - cored moraines* (vgl. die Diskussion zwischen BARSCH (1971) und ÖSTREM (1971)), erklärt auch die im Vergleich zu den anderen Endmoränen wesentlich größere Dimension dieser Moräne. Das genaue Alter dieser Moräne ist bisher nicht bekannt. Da sie allerdings nicht weit von dem betrachteten postglazialen Moränenkomplex entfernt liegt, so daß die Rekonstruktion des dazugehörenden Gletschers nur eine im Sinne von GROSS ET AL. (1977) unwesentlich geringere Schneegrenzhöhe ergibt, darf ihr Alter ebenfalls als postglazial vermutet werden.
Wie bereits oben erwähnt ist der betrachtete Moränenkomplex an mehreren Stellen dreigeteilt. Durch die mögliche Zweiteilung des ersten betrachteten Vorstoßes kann dieser dreigeteilte Moränenwall also gänzlich im Profil wiedergefunden werden. Möglicherweise liegen etwa 20 m vor dem betrachteten Moränenkomplex die Reste eines weiteren Walles. Da dieser Bereich aber stark von Blöcken überlagert ist, bot sich bisher keine Möglichkeit mittels einer Grabung dies zu klären.
In fast allen Seitentälern lassen sich in nur geringer Entfernung vor den jeweilgen Gletschervorfeldern ähnliche Moränen beobachten. Dies ist ein Hinweis dafür, daß die postglazialen Gletschervorstöße im Vatnsdalur nicht durch irgendwelche speziellen Lagegegebenheiten bedingte Einzelerscheinungen sind, sondern eien gemeinsame Ursache in Klimaschwankungen haben. Wie auch die Untersuchungen von HÄBERLE im Barkárdalur und Bægisárdalur zeigen, finden sich diese Schwankungen im ganzen Tröllaskagi Gebirge, evebtuell sogar in ganz Island.
Es ist die künftige Aufgabe, durch weitere Datierungen aussagefähiger Moränen die postglaziale Gletschergeschichte auszuweitem und abzusichern.

5. Hangentwicklung im Skídadalur

5.1. Allgemeine Profilentwicklung

Ungestörte Profile weisen in N - Island alle eine ziemlich ähnliche Horizontabfolge auf. Im Liegenden findet sich entweder blockiges Moränen - oder Hangschuttmaterial oder mehr fluvial bestimmte Ablagerungen. Darüber liegt eine sehr schluffreiche Feinmaterialschicht, die als Wasserstauer wirkt. Die Herkunft dieses Materials ist nicht eindeutig gesichert. Es wird vermutet, daß es sich entweder um das Produkt von *glacial outwash* Prozessen oder entsprechenden Sortierungsprozessen im Rahmen der Hangabspülung handelt. Die graue Färbung deutet auf stark reduzierende Bedingungen in dieser Schicht hin.

Im darüber liegende Horizont finden sich erste organische Spuren. Nach den bisherigen Erkenntnissen ist der Beginn der darin dokumentierten Vegetationsbesiedlung in N – Island in das ausklingende Präboreal zu stellen. Das älteste Radiokarbondatum dafür von NORDDAHL (1979) aus dem Flateyardalur liegt bei 9650 ± 120 BP. BARTLEYs (1973) Daten aus dem Moor bei Ytri Bægisá (8850 ± 120 BP) und HALLSDOTTIRs (mdl. Mitt.) Ergebnisse aus dem Vatnskotsvatn (8990 ± 155 BP) sind schon wesentlich jünger.

Abb. 8: ungestörtes Bodenprofil im Skídadalur (Foto J. STÖTTER)

Die dicken Birkenstämme in dem darüber folgenden Horizont deuten an, wie schnell sich dann die klimatischen Bedingungen verbessert haben. Mit der Ablagerung der H_5 – Tephra ging dieses erste Birkenmaximum zu Ende. Diese Tephralage ist in N – Island nur relativ dünn (um 1 cm) ausgeprägt. So ist es auch zu verstehen, daß in einigen Profilen diese Lage nicht nachweisbar ist.

Der folgende, mächtige Torfhorizont belegt die günstigen Bedingungen für die Moorbildung. Dieser Abschnitt entspricht EINARSSONs *älterer Moorzeit*, die mit erhöhten Niederschlägen begründet wird. Mit der Abnahme der Niederschlagshöhen beginnt die Birke sich erneut auszubreiten, was durch den zweiten Birkenhorizont (jüngere Birkenzeit nach EINARSSON (1961)) verdeutlicht wird. Dies ist der Zeitraum, in dem die Baumgrenze der Birke am weitesten in die Höhe wanderte. Dieser Zeitraum optimaler postglazialer Klimabedingungen ging möglicherweise schon vor der Ablagerung der H_4 – Tephra zu Ende.

Die H_4 - Schicht ist in ganz N - Island mit einer mittleren Mächtigkeit von 4 cm eindeutig zu erkennen. Im Zeitraum zwischen H_4 - (4000 BP) und H_3 - Tephra (2800 BP) entwickelte sich ebenfalls Torf, allerdings unter offenbar recht ungünstigen Bildungsbedingungen.
Nach dieser letzten deutlich erkennbaren Tephraschicht scheinen für die Moorentwicklung wieder wesentlich bessere Klimabedingungen geherrscht zu haben, was von EINARSSON mit dem Beriff *jüngere Moorzeit* charakterisiert wird. Die obersten Horizonte sind in Bereichen intensiver menschlicher Agraraktivitäten meist gestört (oft durch Entwässerungs - und Verebnungsmaßnahmen). Ein weitgehend ideales Profil zeigt Abb. 8.

5.2. Profilentwicklung in der Hangabfolge

Schon früh erkannten u.a. S. THÓRARINSSON (1961) und GUDBERGSSON (1975), daß in weiten Teilen Islands die Bodenprofile im Zeitraum zwischen 4000 und 2800 BP eine geringere Bildungsrate als in den anderen Zeiträumen aufweisen. Als Ursache sieht GUDBERGSSON (1975) bei seinen Untersuchungen im Skagafjördur die Ausbreitung der Vegetation und damit eine verringerte Erosion im zentralisländischen Hochland und anderen "vegetationsarmen" Regionen. Daraus ergibt sich ein geringerer äolischer Eintrag in den vegetationsbedeckten Gebieten, aus denen die Bodenprofile stammen.
Alle Profile, die im Untersuchungsgebiet in eben bis flach geneigtem Gelände liegen, weisen eine ähnliche Abfolge auf. Im Zeitraum zwischen der Ablagerung der H_4 - und H_3 - Tephra zeigt sich ein extremer Rückgang der Bodenbildungsrate.
Betrachtet man jedoch Profile, die an Hängen liegen, so zeigt sich ein genau umgekehrtes Bild. Hier ist die "Bodenbildungsrate" zwischen den beiden Tephralagen plötzlich wesentlich größer als während anderer Zeiträume. Die Überlegungen des "äolischen Modells" stoßen deshalb auf erheblichen Widerspruch. Da die Hangprofile in einer Höhenstufe liegen (unter 500 m), die rein aufgrund der klimatischen Verhältnisse seit dem Ende des Präboreals eine immer relativ geschlossene Vegetationsdecke haben mußte, läßt sich die erhöhte Rate nicht durch einen verminderten äolischen Eintrag erklären. Es muß also andere Gründe für diese Erscheinung geben.

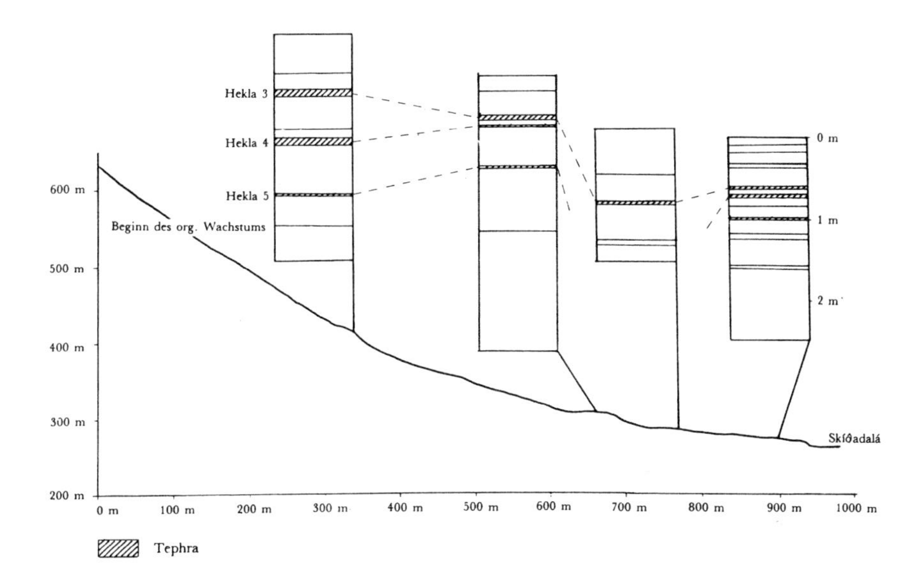

Abb. 9: Profilabfolge am W – Hang des Skídadals

Eine Profilabfolge am W – Hang des Skídadals südlich des Stekkjarhús (siehe Abb. 9) kann zur Lösung dieser Frage vielleicht einen Beitrag liefern. In den beiden Aufschlüssen am Ober – (Profil 97) bzw. Mittelhang (Profil 53) besitzt der Horizont zwischen H_4 und H_3 eine relativ hohe Bildungsrate. In Profil 76, auf der Terrasse nicht weit vom Vorfluter entfernt gelegen, ist die Bodenbildungsrate für den gleichen Zeitraum absolut minimal. Die Verhältnisse im Profil 77 sind nicht eindeutig. Tiefere Aufschlußgrabungen sind hier wegen des hohen Grundwasserstandes (Hangzugwasser) an dieser Stelle nicht möglich. Diese Beobachtung kann wie folgt interpretiert werden: In den Hangbereichen wurde Lockermaterial labilisiert und hangabwärts verlagert. Im Profil 77, in dem von diesen am Hang ablaufenden Prozessen keine Spuren (z.B. durch ein Sandband) zu sehen sind, ist die Bodenbildung in dieser Zeit stark reduziert. Das Fehlen von entsprechenden parallelisierbaren Spuren im untersten Profil deuten darauf hin, daß die Materialverlagerung am Hang nicht abrupt durch ein Einzelereignis stattgefunden hat, sondern eher als kontinuierlicher Prozeß periglazialer Morphodynamik zu werten ist. Hierfür spricht auch, daß die Murablagerungen (als ein mögliches Beispiel eines Einzelereignisses) im Untersuchungsgebiet in den Aufschlüssen fast immer bis zum Vorfluter hin durch entsprechende Sedimente sichtbar sind. Der gute,

fast ungestörte Erhaltungszustand der Tephralagen in den Hangprofilen sowie teilweise Einschlingungen, wie sie für Erdströme typisch sind, lassen ebenfalls eine murartige Verlagerung sehr unwahrscheinlich erscheinen.
Infolge der Ablagerung der H_4 – Tephra wurde die Vegetationsdecke nachhaltig beeinträchtigt, vielleicht sogar weitgehend zerstört. Neben mechanischer Schädigung gleich zu Beginn der Ablagerung wird hier vor allem an die Aufnahme von Nähr- und Spurenelementen in toxisch wirkender Konzentration gedacht. Dadurch verlor das Lockermaterial an den Hängen die schützende und stabilisierende Vegetationsdecke, so daß die Lockermassen mobil werden konnten. Daraus resultieren erhöhte Raten, die wohl mit dem Begriff "Umsatzraten" besser charakterisiert werden. In den flachen Bereichen im Talgrund setzte die Bodenbildung aufgrund des stark reduzierten pflanzlichen und auch tierischen Bodenlebens weitgehend aus. Dadurch wird auch die verringerte (hier ist der Begriff angebracht) Bodenbildungsrate erklärt. Diese Überlegungen sind als erster Ansatz zur Untersuchung der morphologischen Auswirkungen der Tephraablagerungen zu sehen. Der Hinweis von SIGVALDASON (1988), daß große Teile Islands durch die Tephraablagerungen der Hekla wüstgefallen sind, läßt aber diese Gedanken nicht mehr so unglaublich erscheinen.

6. Abschließende Gedanken

Diese knappen Ausführungen sollen die Diskussion über den Verlauf der postglazialen Klima- und Landschaftsentwicklung in Island neu beleben. Sie sollen hierzu Anstoß sein und kein neues starres Schema entwickeln. Nach mehr als zwei Jahrzehnten der Stagnation erscheint eine Überarbeitung und Betrachtung der Klimageschichte unter der Berücksichtigung vergleichbarer Untersuchungen in anderen Gebieten dringend erforderlich.
Die vorgestellte Untersuchung zeigt erste Ergebnisse zu einer Differenzierung des isländischen Postglazials (siehe Abb. 10). Bei den glazialen Ablagerungen kann wohl mit Sicherheit davon ausgegangen werden, daß sie ein verändertes System *Klima – Gletscher* widerspiegeln. Die hier aufgezeigten Gletscherschwankungen scheinen also durch entsprechende Klimaschwankungen induziert worden zu sein.
Bei den Untersuchungen zur Hangmorphodynamik zeigt es sich jedoch, daß Prozesse abgelaufen sind, die zwar rein klimatisch gesteuert sein könnten, die aber aufgrund der speziellen Situation Islands als vulkanische Insel ihre Ursache in vom Klima unabhängigen *events* haben, die durch Prozesse im Erdinneren ausgelöst werden. In ihrem Erscheinungsbild, das sich in den Aufschlüssen bietet, erinnern die Auswirkungen der Tephraablagerung sehr an Erdströme, die infolge einer Klimaverschlechterung in Bewegung geraten sind.

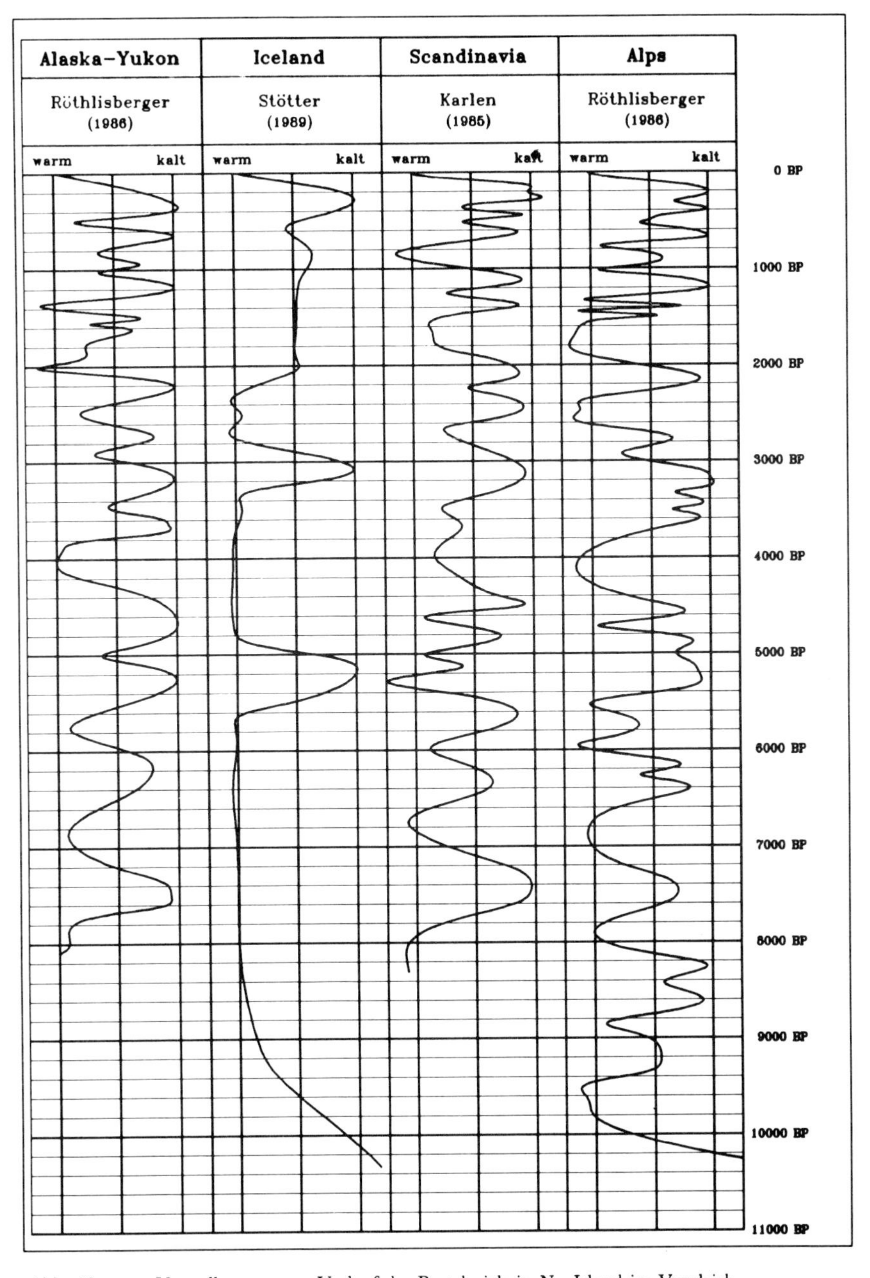

Abb. 10: neue Vorstellungen zum Verlauf des Postglazials in N - Island im Vergleich

Es zeigt sich das in der isländischen Landschaft eine Vielfalt von Informationen gespeichert liegen, die Aufschlüsse über den Verlauf der postglazialen Landschaftsgeschichte geben können. Dies ist nur der erste Schritt zu einer weiteren Differenzierung des isländischen Postglazials.

Literatur

BARSCH, D. (1971): Rock – glaciers and ice – cored moraines.
– Geografiska annaler, 53 A, S. 203 – 206; Stockholm.

BARTELEY D. D. (1973): The stratigraphy and pollen analsis of peat deposits at Ýtri Baegisa near Akureyri, Iceland.
– Geol. Fören. Stockholm. Förh., 95(4), S. 410 – 414; Stockholm.

BLÜTHGEN, J., WEISCHET, W. (1980): Allgemeine Klimageographie.
– Berlin.

CASELDINE, C. (1989): A Review of Dating Methods and Their Application in the Development of a Chronology of Holocene Glacier Variations in Northern Iceland.
– Münchener Geogr. Abh., Reihe B, Heft 9; München.

DUGMORE, A. J. (1989): Tephrochronological studies of Holocene glacier fluctuations in South Iceland.
– Oerlemans, J. (Hrsg.): Glacier Fluctuations and Climatic Change, S. 37 – 55; Amsterdam.

EINARSSON, Þ. (1961): Pollenanalytische Untersuchungen zur spät – und postglazialen Klimageschichte Islands.
– Sonderveröff. Geol. Inst. Univ. Köln, 6; Köln.

EINARSSON, Þ. (1968): Jarðfræði.
– Reykjavík.

EYTHÓRSSON, J., SIGTRYGGSSON, H. (1971): The Climate and Weather of Iceland.
– The Zoology of Iceland, Vol. I, Part 3; Reykjavík.

GLAWION, R. (1986): Rezente Klimaschwankungen und Vegetationsänderungen.
– Geowissensch. in unserer Zeit, 4. Jg., Nr. 5, S. 141 – 150.

GROSS, G., KERSCHNER, H., PATZELT, G. (1977): Methodische Untersuchungen über die Schneegrenze in alpinen Gletschergebieten.
– Zeitschr. f. Gletscherkunde u. Glazialgeol., Bd. XII, H. 2, S. 2[illegible]3 – 251; Innsbruck.

GUDBERGSSON, G. (1975): Myndun móajarðsvegs í Skagafirði.
– Ísl. Landbún., 7 (1/2), S. 20 – 45; Reykjavík.

HÄBERLE, T. (1989): Gletschergeschichtliche Untersuchungen im Barkárdalur.
– Münchener Geogr. Abh., Reihe B, Heft 9; München.

KALDAL, Í. (1978): The deglaciation of the area North and Northeast of Hofsjökull.
– Jökull, 28. Jg., S. 18 – 31; Reykjavík.

KUGELMANN, O. (1989a): Gletschergeschichtliche Untersuchungen im Svarfaðardalur und Skíðadalur, Tröllaskagi, Nordisland.
– München (Diplomarbeit).

KUGELMANN, O. (1989b): Datierung neuzeitlicher Gletscherschwankungen im Svarfaðar - Skíðadalur mittels einer neuen Flechteneichkurve.
- Münchener Geogr. Abh., Reihe B, Heft 9; München..

NORDDAHL, H. (1979): The Last Glaciation in Flateyardalur central North Iceland, a preliminary report.
- Univ. of Lund, Dep. of. Quaternary Geol., Rep. 18; Lund.

ÖSTREM, G. (1971): Rock glaciers and ice - cored moraines, a reply to D. Barsch.
- Geografiska annaler, 53 A, S. 207 - 213; Stockholm.

RÖTHLISBERGER, F. (1986): 10000 Jahre Gletschergeschichte der Erde.
- Aarau.

RUDLOFF, H. v. (1965): Die Schwankungen und Pendelungen des Klimas in Europa seit dem Beginn der regelmäßigen Instrumenten - Beobachtungen (1670).
- Braunschweig.

SÆMUNDSSON, K. ET AL. (1980): K - Ar dating, geological and paleomagnetic study of 5 - km lava succession in Northern Iceland.
- Journal of Geophysical Research, Vol. 85, No. B7, S. 3628 - 3646;

SIGVALDASSON, G. (1988): Má alltaf búast við Heklugosi.
- Timinn, 18.8.88, S. 2; Reykjavík.

THÓRARINSSON, S. (1956): On the variations of Svínafellsjökull, Skaftafellsjökull and Kviárjökull.
- Jökull, 6. Jg, S. 1 - 15; Reykjavík.

THÓRARINSSON, S. (1961): Uppblástur á Íslandi.
- Ársrít Skógræktarfélags Íslands, S. 17 - 54; Reykjavík.

VENZKE, J. - F., MEYER, H. - H. (1986): Remarks on the late glacial and early holocene deglaciation of the Svarfadardalur and Skídadalur Valley System, Tröllaskagi, Northern Iceland.
- Ber. Forschungsstelle Neðri Ás, 45; Hveragerði.

Beiträge zur Gletscher- und Klimageschichte von Tröllaskagi, Nordisland: ein Literaturüberblick

T. Häberle
Zürich

1. Einleitung

Der folgende Beitrag gibt einen Literaturüberblick zur Gletscher- und Klimageschichte der Halbinsel Tröllaskagi, Nordisland. Ein umfassender Einblick in die Problematik isländischer Eiszeitforschung scheint wichtig, da die Halbinsel Tröllaskagi mit ihren kleinen Tal- und Kargletschern von der Klima- und Eiszeitforschung bis heute beinahe unberührt blieb. Vor allem die großen Gletscher Südislands standen im Brennpunkt der Forschung. Daß aber gerade die Kleinstgletscher in Nordisland von herausragender Bedeutung für Aussagen zum Paläoklima Islands sein können, deuten neuere Forschungsarbeiten an. Dieser Beitrag soll deshalb die Entwicklung der Kenntnisse zu einzelnen glaziologischen und klimatologischen Problemkomplexen darstellen. Im einzelnen werden behandelt: Das Hochglazial (inkl. Phasen frühweichselzeitlicher Vereisung), das Spätglazial (inkl. Präboreal) sowie prähistorisches und historisches Postglazial. Da absolute Datierungen fehlen, kann die Grenze zwischen Spätglazial und prähistorischem Postglazial nicht eindeutig gezogen werden. Deshalb wird das Präboreal beim Spätglazial mitbehandelt. Beiträge, die sich dieser Gliederung nicht zuweisen lassen, für die Gesamtdarstellung aber wichtig sind, werden einleitend zusammenfassend dargestellt.
In der beiliegenden Karte (siehe S. 136/137) bezeichnen [ ] Einfügungen des Autors, Orts- und Namensbezeichnungen sind in isländischer Schreibweise angeführt.

2. Frühe Beiträge

Die frühesten Quellen behandeln die großen Inlandeiskappen Zentral- und Südislands. Die Nordlandgletscher wurden nicht erwähnt.
Die isländischen Gletscher sind in den "Gesta Danorum", verfaßt vom dänischen Historiker SAXO GRAMMATICUS zwischen 1185 und 1219, erstmals erwähnt. Er beschrieb bereits die Bewegung des fließenden Eises (T. THORODDSEN, 1905/1906: 164; W. SCHUTZBACH, 1985: 139 - 140).
In der "Konungs skuggsjá" ("Königsspiegel"), die in Norwegen um die Mitte des

13. Jahrhunderts niedergeschrieben wurde, findet man wohl die älteste klimatologische Erklärung der Gletscher auf Island: geringe Sonneneinstrahlung und Nähe zum eisbedeckten Grönland (S. THORARINSSON, 1960: 4).
Eine Karte von Bischof Gudbrandur THORLÁKSSON von 1590 (siehe Abb. 1) zeigt zum ersten Male vereiste Gebiete im Innern Islands. Die Karte erschien im Atlas "Theatrum orbis terrarum" von Abraham ORTELIUS (Antwerpen 1590) sowie auch im Atlas von Gerhard Mercator, der 1595 in Duisburg erschienen ist (S. THORARINSSON, 1960: 5, 16).

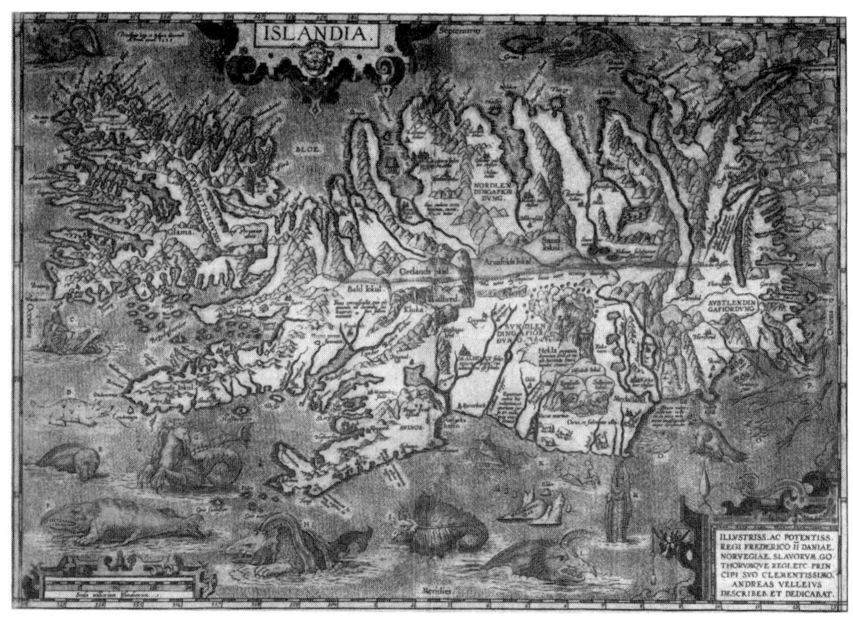

Abb. 1: Ausschnitt aus der Karte von Gudbrandur THORLÁKSSON (1590)

1754 erschien Thórdur VÍDALINs (1662 bis 1742) "Dissertioncula de montibus Islandiae chrystallinis" in deutscher Sprache. In dieser Abhandlung von den isländischen Eisbergen" wird die Bewegung der Gletscher beschrieben (Th. VIDALINn, 1695; 1754 ins Deutsche übertragen: 207). VÍDALIN tellt bereits zehn Jahre vor J.J. SCHEUCHZER die Dilatationstheorie auf (S. THORARINSSON, 1960: 6).
Das Reisebuch von Eggert OLAFSSON und Bjarni PÁLSSON über deren Erkundigungen in Island zwischen 1752 und 1757 gibt vor allem Auskunft über den Vatnajökull und dessen Auslaßgletscher. Zum ersten Mal werden Gletscher auch in Nordisland erwähnt (Túnahryggsjökull (d.i. der heutige Tungnahryggsjökull), der Unadals- und der Deildardalsjökull (E. OLAFSSON og B. PÁLSSON, 1772; isld. Neuauflage 1981, 2. Band: 5). 3
Ausgezeichnete Zusammenfassungen über die glaziologischen Kenntnisse in Island

vor 1800 n. Chr. wurden von THORODDSEN (Th. THORODDSEN, 1905/1906: 163 – 166) und BÁRDARSSON (G. BÁRDARSSON, 1934: 7 – 15) verfaßt sowie von THORARINSSON (S. THORARINSSON, 1960: 1 – 18).

Die Islandkarte von Björn GUNNLAUGSSON (1844, herausgegeben 1848) war ein weiterer Schritt in der genauen Darstellung der isländischen Gletscher (G. BÁRDARSSON, 1934: 10).

Neben den im 19. Jahrhundert zahlreicher werdenden Publikationen in– und ausländischer Forscher (M. SCHWARZBACH, 1983: 25 – 32) zu den Gletschern Islands bleiben die Studien THORODDSENs Ende des 19. und zu Anfang des 20. Jahrhunderts die bedeutendsten. Wurden in älteren Schriften lediglich die 25 bekanntesten Gletscher Islands beschrieben, so untersuchte THORODDSEN erstmals über 130 isländische Gletscher und Gletscherzungen (G. BÁRDARSSON, 1934: 10). In seiner Schrift "Islands Jökler i Fortid og Nutid" beschreibt der Autor sehr knapp auch die Nordlandgletscher und nennt Unadals–, Myrkár–, Tungnahryggs– und Vindheimajökull. Beim (westlichen) Vindheimajökull wird ferner 1801 ein kleiner Gletscherlauf beschrieben. Nach THORODDSEN liegen die Nordlandgletscher in einer Höhe zwischen 1200 und 1300 m ü.M. und bedecken eine Fläche von ca. 140 km^2 (T. THORODDSEN, 1891/1892: 131).

3. Frühweichselzeitliche Vereisungsphasen und Hochglazial

In seinem Aufsatz "Fródlegar jökulrákir" ("Studies on glacial striae in Iceland") untersuchten KJARTANSSON u. a., wo jeweils – in verschiedenen Gebieten Islands – die Höhe der Schliffgrenze lag, um die Mächtigkeiten der einstigen Eisströme zu berechnen. In Ostisland (Fljótsdalshérad) errechnete der Autor eine Eisstrommächtigkeit von 660 m, Angaben zu Tröllaskagi fehlen (G. KJARTANSSON, 1955). Nach eigenen Untersuchungen lag der Gletscher im Hörgárdalur bei seiner Einmündung in den Eyjafjördur mindestens 800 m ü.M.

G. HOPPE (1968) veröffentlichte einen Beitrag zur Maximalausdehnung der eiszeitlichen Gletscher. In seiner Schrift gibt er auch einen kurzen Abriß zur sogenannten Refugientheorie, die von der Annahme relativ großer, eisfreier Flächen in Island während der letzten Eiszeit ausgeht. HOPPE beweist, daß die eiszeitlichen Gletscher die 100 m hohe Insel Grímsey mindestens einmal überfahren haben und daß die Gletscher zu jener Zeit einige Zehner Kilometer nördlich von Grímsey kalbten (G. HOPPE, 1968).

Die Arbeiten NORDDAHLS (1981 und 1983) leisten wichtige Beiträge zur Gletschergeschichte Nordislands. Er teilt die Weichselzeit lokal in drei Hauptstadien ein:

1) Stadium der Maximalvereisung: ganz Nordisland (inkl. Grímsey) ist verglet-

schert.

2) Eissee – Stadium: es bilden sich Eisstauseen im Fnjóskadalur, östlich des Eyjafjördur.

3) Langhóll – Stadium: Die Talgletscher stießen beidseits des Eyjafjördur vor; der letzte Eisstausee im Fnjóskadalur hatte sich zu dieser Zeit bereits entleert.

Durch Berechnungen aus den Gradienten der verschiedenen Strandlinien der Fnjóskadalur – Eisstauseen erhielt NORDDAHL ein Alter von ca. 20700 BP für den ältesten Eisstausee. Da die maximale weichselzeitliche Vereisung Islands bisher mit 18'000 BP angegeben wurde (Th. EINARSSON, 1973: 225), folgert NORDDAHL, daß das weichselzeitliche Vereisungsmaximum gleichzeitig mit einigen der frühen Vereisungsstadien im arktischen Kanada, Ostgrönland und Spitzbergen aufgetreten sein könnte (H. NORDDAHL, 1981: 471, 476).

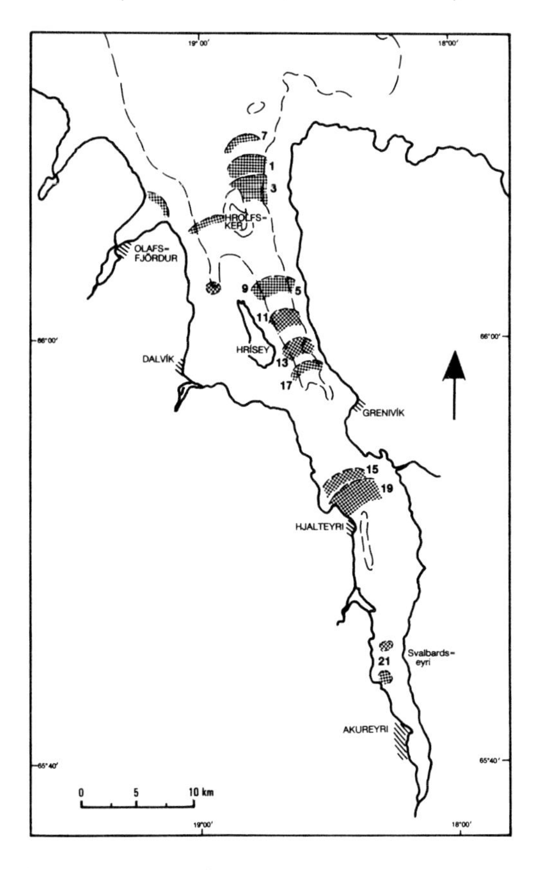

Abb. 2: Lage der Endmoränen im Eyjafjördur (nach H. HAFLIDASON, 1983)

In seiner Dissertation setzte er das Minimalalter für das weichselzeitliche Maxi-

mum auf älter oder gleich 23900 BP an. NORDDAHL beschreibt zehn Vorstoß- und acht Rückzugsphasen der Gletscher im Fnjóskadalur (H. NORDDAHL, 1983). HAFLIDASON zeigte mit seismischen Untersuchungen am Grunde des Eyjafjördur 24 bis 25 differenzierbare stratigraphische Einheiten, die er als dreizehn Gletschervorstöße und elf Rückzüge interpretierte (siehe Abb. 2). Die Moräne bei Hólar wird mit Búdi korreliert. Eine Alftanes korrespondierende, "landfeste" Moräne wurde nicht gefunden. Jedoch konnte HAFLIDASON mindestens sieben Stände im Eyjafjördur nachweisen, die stratigraphisch jünger als das Weichselmaximum sind. HAFLIDASON warnt aber vor einer Korrelation seiner Ergebnisse mit denen NORDDAHLs, da Leithorizonte fehlten (H. HAFLIDASON, 1983: Abstract, 88 - 91, 96 - 139, 220).
M. HALLSDOTTIR (1984) gibt für das Ende des Eiszeitalters im Glerárdalur und in der Umgebung von Akureyri die höchsten Lagen eines eiszeitlichen Gletschers am Súlur in 800 m ü.M. an (M. HALLSDOTTIR, 1984). Dies entspricht der Höhe der randglazialen Entwässerungsrinne, die ich 1986 am Moldhaugnaháls fand.

4. Spätglazial und Präboreal

Th. THORODDSEN (1905/1906: 45) berichtet über Details spätglazialer Formen auf Tröllaskagi. Er beschreibt trichterförmige Vertiefungen im Lockermaterial des untersten Teil des Hörgárdalur, die oft mit Wasser gefüllt sind und deutet sie als Toteiskessel vom Ende der letzten Eiszeit. THORODDSEN weist auch im Hörgárdalur anhand von Kieslagen auf geschrammtem Basalt auf alte Meeresterrassen und damit Meeresspiegelschwankungen hin. Die Höhen für die Terrassen in Nord- und Ostisland werden mit 30 - 40 m angegeben (Th. THORODDSEN, 1891/1892: 223). Auch THORKELSSON (1922: 47) beschreibt die Terrasse bei Akureyri und interpretiert sie als Folge eines Meereshöchststandes von 42 - 47 m ü.M. Die höchste Strandlinie fand der Autor hier aber in 58 - 60 m ü.M. (T. THORKELSSON, 1924: 195).
THORODDSEN erwähnt weiter bei Mödruvellir eine mit Ton und Sand überdeckte *"Moränenlage .... von 5 - 10 m mächtigen Schuttmassen aus gerollten, abgestoßenen und geschrammten Gesteinen.... Höher oben im Tale ruht der Schutt unmittelbar auf dem Basalt und der Ton fehlt..."* (T. THORODDSEN, 1905/1906: 323; S. STEINDORSSON, 1938: 51 und 1987: pers. Mitt.)." Von einem Moränenkranz, der einen Stand des einstigen Gletschers im Hörgárdalur anzeigen würde, kann meines Erachtens aber nicht die Rede sein.
THORKELSSON (1922: 51) erwähnt ferner einen Eisstausee im Glerárdalur und den immer weiter sich nach Süden verlegenden Lauf der Glerá, die dem ab-

schmelzenden Eyjafjardarjökull folgte (T. THORKELSSON, 1922: 55; M. HALLSDOTTIR, 1984: 14 – 16, 20, 24). Wie schlecht die Gletscher auf Tröllaskagi aber selbst in unserem Jahrhundert bekannt waren, zeigt eine Bemerkung THORKELSSONs, der den Myrkárjökull ganz in der Nähe von Akureyri ansiedelt (T. THORKELSSON, 1924: 193). S. STEINDORSSON (1938) beschreibt den Tungnahryggsjökull als den größten Gletscher, eine mächtige Moränenabfolge über Basalt wird bei Arnarnesnafir beschrieben. Die Bergsturzhügel im Öxnadalur deutet STEINDORSSON als Moränen eines Gletscherstandes. 1943 berichtet er vom Fund eines Walknochens etwa 10 km südlich von Akureyri in 10 m ü.M. Die Fundstelle ist heute zerstört. Eine Datierung des Knochens hätte Sicherheit über das Alter des Meeresspiegelhochstandes nach dem Rückschmelzen des Eises vom Alftanes – Stadial (11000 BP?) geben können.

Abb. 3: Warven bei Mödruvellir (Foto T. HÄBERLE)

Seit Beginn der Sechzigerjahre besuchten mehrere britische Expeditionen Tröllaskagi. C.A. HALSTEAD 1962) beobachtete im Fossárdalur Warven und deutete sie als Stauseesedimente. Bei meinen eigenen Feldbegehungen des Fossárdalur konnte ich genannte Warven jedoch nicht finden.

Die Mitglieder der Edinburgh University (1963) untersuchten auf Tröllaskagi Thorvaldsdalur, Hálsdalur und Arskógsströnd. Aus morphologischen Beobachtungen wurde u.a. gefolgert, daß der einstige Thorvaldsdalur – Gletscher bei seinem zweitletzten Vorstoß (Alftanes) zum letzten Male das Meer erreichte, während des letzten Hauptvorstoßes aber innerhalb Kleif stirnte und Arskógsströnd damals 10 – 15 m tief überschwemmt gewesen sein müße (Ablagerung limnischer Sedimente)(N. STEBBING, 1963).

Aus der Verbreitung von Pecten islandicus (heute nur noch an den Westfjorden, in Nord – und Ostisland verbreitet) sowie von Portlandia arctica (heute in Island ausgestorben) schließt der Autor auf eine um 2° bis 3°C tiefere Meerestemperatur am Ende der letzten Eiszeit. Um etwa 10000 bis 9000 BP wurde die heutige Meerestemperatur erreicht (Th. EINARSSON, 1969: 397; I. OSKARSSON, 1982: 234).

A. HJARTARSON (1973) befaßt sich mit der Erosion des Trap – Basalt – Plateaus auf Tröllaskagi sowie glazigenen Ablagerungen in diesem Gebiet. Nachdem er zunächst aus der Interpretation von Moränenlagen schloß, daß im Svarfadardalur noch im Búdi – Stadial die Gletscher bis ins Meer vorgestoßen sind, in den Nachbartälern aber keine Eisstromnetze mehr vorhanden waren (A. HJARTARSON, 1973), revidierte er später seine Meinung. Im Búdi – Stadial erreichten die Gletscher nicht mehr das Meer (A. HJARTARSON, 1986, pers. Mitt.). Weitere Daten zum spätglazialen Gletscherverhalten finden sich im Jahrbuch 1973 von Ferdafélag Islands (H.E. THORARINSSON, mit einem Anhang von H. HALLGRÍMSSON). I. KALDAL (1973) belegte durch ihre Untersuchungen nordöstlich des Hofsjökull in Zentralisland den Rückzug der eiszeitlichen Gletscher, der durch acht Halte bzw. Vorstoßphasen unterbrochen wurde. Interessant ist, daß die Moränenwälle senkrecht zum heutigen Rand des Hofsjökull verlaufen, dieser also sicherlich kein eiszeitliches Vereisungszentrum darstellte. Da Absolutdatierungen zu den Moränen fehlen, ist eine zeitliche Einordnung schwierig. Aufgrund der Arbeiten von Th. EINARSSON (1967) und VÍKINGSSON (1976 und 1978) nimmt KALDAL an, daß sich das Inlandeis im Alleröd aus dem Skagafjördur zurückgezogen hat und spricht die äußerste Moräne (die sog. Raudhólar – Moräne) als zur Jüngeren Dryas bzw. zum Präboreal gehörig an. Die restlichen sieben Wälle seien alle präborealen Alters (I. KALDAL, 1978: 18 – 19, 29).

VÍKINGSSON (1978) stellte fest, daß im Skagafjördur Endmoränen und andere Zeichen von Stillständen bzw. Wiedervorstößen nur selten und lokal begrenzt auftraten. Ebenso existieren keine Daten zu spätglazialen Sedimenten. Der Búdi – Stand machte sich im Skagafjördur lediglich durch Eiskeil – Abdrücke bemerkbar. Oberhalb von diesen Eiskeil – Abdrücken fand VÍKINGSSON ein bis zu 1 m mächtiges, sandig – äolisches Sediment, in dessen unteren Lagen eine 2 cm mächtige, helle, saure Tephra eingebettet war, die er mit der Tephralage "Ö", die GUDBERGSSON (1975) in zwei Profilen im Skagafjördur entdeckt hatte, parallelisierte. Auch in den beiden Profilen GUDBERGSSONs (GUDBERGSSON hat 27

Profile im Skagafjördur untersucht) war "Ö" in eine sandig - äolische Ablagerung eingebettet. Die bisher älteste bekannte und datierte Tephralage "H 5" fand sich dagegen stets oberhalb dieser Ablagerung. VÍKINGSSON (1978) stellt die Ablagerung ins Präboreal, da das Sediment wohl zu einer Zeit abgelagert wurde, als das Land eisfrei wurde, und bevor die Vegetation eine stärkere Deflation unterbinden konnte. Die teilweise über 1 m breiten Eiskeil - Abdrücke zeigen, daß der Permafrost nochmals ins Skagafjördur - Tiefland zurückkehrte. Ist das oben genannte sandig - äolische Sediment präboreal, so ist die Jüngere Dryas (Búdi) die letzte Möglichkeit für Eiskeilbildung, das Alleröd wäre dann die Zeit des großen Rückschmelzens der Gletscher im Skagafjördur (S. VÍKINGSSON, 1978: 1, 13 - 15).

H. NORDDAHL (1979) erbohrte im Zungenbecken des einstigen Brettingsstadadalsjökull (nördliches Flateyjardalur) eine Diatomeen - Gyttia (Lu - 1433: 9650 ± 120 BP). Er stellt diesen Talgletscher - Vorstoß zeitlich in die Jüngere Dryas (H. NORDDAHL, 1979: 12, 16). Die beiden letzten Vorstoßphasen werden mit dem Alftanes - bzw. Búdi - Stadial korreliert. So entspricht das Belgsá - Stadial im Fnjóskadalur dem Alftanes - Stadial, bei dem NORDDAHL den Eyjafjardarjökull 1 km nordwestlich von Grenivík stirnend annimmt. Während des Alleröds (Reykir - Interstadial im Fnjóskadalur) zogen sich die Gletscher zurück, um dann nochmals, während des Búdi - Stadials (Ljósavatn - Stadial im Raum Fnjóskadalur) vorzustoßen. Der Gletscher im Eyjafjördur stirnte damals bei Hólar, 38 km südlich von Akureyri. Zeitlich ordnet der Autor diesen Vorstoß um 11200 bis 10000 BP ein (H. NORDDAHL, 1983: Zusammenfassung und 68 - 71).

H. HALLGRÍMSSON (1982: 8 - 11; 31 - 32, 34, 44) beschreibt im Gebiet der Hörgámündung Moränen und Esker, andernorts Rundhöcker und randglaziale Entwässerungsrinnen, die in einer geomorphologischen Karte zusammenfassend dargestellt werden.

Im Gegensatz zu NORDDAHL ist HOPPE der Ansicht, daß die gut erhaltenen Spuren der Eiszeit und eine rasche Landhebung eher für ein spätweichselzeitliches Alter des isländischen Inlandeises sprechen. Obwohl HOPPE selbst an eisfreie Gebiete während des Vereisungsmaximums glaubt, gibt er zu bedenken, daß die totale Abwesenheit glazialer Spuren noch nicht beweise, daß eine Gegend eisfrei gewesen sei (G. HOPPE, 1982: 3, 10 - 11).

H. - N. MÜLLER, J. STÖTTER, A. SCHUBERT und A. BETZLER (1984: 95) stellen fest, daß die im gesamten Gebiet ermittelten Schneegrenz - Depressionswerte (70 bis 440 m) im Vergleich mit den Alpen Werte spätglazialer Größenordnung zeigen. Ein Zusammenhang mit dem Alftanes - bzw. Búdi - Stadial könne einstweilen nicht hergestellt werden.

Im Glerárdalur bildete sich, wie schon vom Fnjóskadalur beschrieben, beim Rückschmelzen der Gletscher ein Eisstausee (um 12000 BP), den die Glerá mit der Zeit zusedimentierte. Als der Eyjafjardarjökull am Ende der Eiszeit zurückschmolz, folgte die Glerá dem immer weiter zurückweichenden Eisrand. Die marinen Deltaablagerungen der Glerá liegen heute auf einer Höhe von 20 bis 26 m ü.M. Für die Zeit des letzten spätglazialen Vorstoßes (Búdi) beschreibt M. HALLSDOTTIR (1984: 3; 20 - 21; 24 - 30) den Vorstoß dreier kleiner Seitengletscher im Glerárdalur (Fremri - Lambárdalsjökull, Vatnshólabrún und Heimari - Lambárdalsjökull) anhand von morphologischen Befunden. Ein allfälliger Vorstoß des Gletschers im Haupttal ist anhand von Moränen nicht auszumachen. Diese könnten aber sehr wohl unter dem Bergsturz aus der Lambárdalsöxl begraben liegen (M. HALLSDOTTIR, 1984: 3; 20 - 21; 24 - 30).
1984 erscheint MÜLLERs Dissertation "Spätglaziale Gletscherschwankungen in den westlichen Schweizeralpen und im nordisländischen Tröllaskagi - Gebirge." Unter Berücksichtigung der morphologischen Aspekte der Moränen im Gelände findet der Autor mittels Schneegrenzberechnungen im Skídadalur vier spätglaziale Stadien bzw. Stadien, die sicher älter sind als die Ablagerung von "H 5". Das jüngste Stadium entspricht der neuzeitlichen Begrenzung der Gletscher - Vorfelder (H. - N. MÜLLER, 1984: 169 - 173).
Nach J. - F. VENZKE und H. - H. MEYER (1986) endeten auf der Westseite des Eyjafjördur die Gletscher anhand morphologischer Kriterien während der Älteren Dryas (Alftanes) in der Nähe von Dalvík im untersten Svarfadardalur, vielleicht sogar im Meer (sog. Stand I). Während des Alleröds zogen sich die Gletscher auf unbekannte Positionen zurück, der Meeresspiegel stieg bis maximal 16 m. In der Jüngeren Dryas (Búdi) erfolgte erneut ein Gletschervorstoß im Skída - und Svarfadardalur: die Gletscher stirnten kurz vor der Konfluenz genannter Täler (sog. Stand II). Die weiter zurück gelegenen Stirnmoränen im oberen Skídadalur sowie bei der Einmündung von Vatns - , Grýtu - , Bárfells - und Teigadalur ins Svarfadardalur und vom Thverár - ins Skídadalur (sog. Stand III) setzen die Autoren ins Präboreal. Seit dem Boreal schwankten die Gletscher in ihrem heutigen Größenbereich (J. - F. VENZKE und H. - H. MEYER, 1986).
Das am 28. April 1987 in Reykjavík abgehaltene Symposium zum Ende des Eiszeitalters in Island ("Isaldarlok á Islandi") brachte neue Erkenntnisse: Die zehn Moränenwälle nördlich des Brúarjökull werden als jünger als Búdi eingestuft, auch der südlichste dieser Wälle gehört noch zu einem Rückschmelzstadium am Ende der letzten Eiszeit (B. ADALSTEINSSON, 1987: 10 - 11).
Außerhalb von Tröllaskagi weist PÉTURSSON darauf hin, daß der Gletscher des Búdi - Stadials in Nordostisland weiter ausgedehnt gewesen sein muß, als bisher

angenommen worden ist (H.G. PÉTURSSON, 1986: 136 - 138, tekstbind, und 1987: pers. Mitt.). Und H. NORDDAHL und C. HJORT (1987) untergliedern das Búdi - Stadial bei Vopnafjördur in Nordostisland in eine ältere (11000 BP) und eine jüngere (10230 BP bis 9980 BP) Vorstoßphase.

5. Das Prähistorische Postglazial

BÁRDARSSON beschreibt aus dem westlicher gelegenen Húnaflói zwei Meeresspiegel - Hochstände: ein älteres Terrassenniveau auf 40 - 50 m und ein jüngeres auf 4 m ü.M. Während der Bildung der unteren Terrasse bei der sogenannten Purpura - Transgression waren entsprechend der vom Autor vorgefundenen Molluskenfauna die Temperaturen im Húnaflói etwas höher als heute oder etwa entsprechend den heutigen Temperaturen Westislands, wo gegenwärtig die gleiche Molluskenfauna vorzufinden ist (G. BÁRDARSSON, 1910: 347 - 348, 350).
BÁRDARSSON (1934) gibt erstmals einen Hinweis darauf, daß die Sommertemperaturen während des postglazialen Klimaoptimums zur Zeit der Purpura - Transgression um 1° bis 2°C höher gewesen sein sollen als heute. Die Gletscher hatten ihre geringste Ausdehnung, der Birkenwuchs seine größte Verbreitung (G. BÁRDARSSON, 1934: 17). Eine Beschreibung der Nordlandgletscher fehlt.
S. STEINDORSSON (1943: 100 - 101) beschrieb im südlichen Eyjafjördur nördlich der Leyningshólar Birken - bzw. Weiden - Wurzelreste an zehn bis zwölf Stellen unter mächtiger Moräne. Heute wird angenommen, daß es sich bei den Leyningshólar um Bergsturzmaterial handelt, die Bäume also durch einen Felssturz verschüttet worden sind. Der Bergsturz bei den Leyningshólar - nach JONSSON wahrscheinlich sogar aus zwei Stürzen bestehend - wird sehr alt eingeschätzt: 7000 bis 10000 BP (O. JONSSON, 1976: 86 - 87, 98 - 99, 220 - 222). Eine Radiokarbon - Datierung ergab 8000 BP (H. PÉTURSSON, 1987: pers. Mitt.). Eine genauere Prüfung genannter Lokalität wäre sicherlich zu begrüßen, zumal hier ja das vermutete Búdi - Stadial an seiner Ufermoräne am rechten Talhang gut zu erkennen ist.
Der Beitrag von THORARINSSON (1956) über Untersuchungen am Vatnajökull hat für die isländische Gletschergeschichte große Bedeutung gewonnen. THORARINSSON erwähnt, daß an einigen Auslaßgletschern des Vatnajökull Endmoränen zu finden seien, "which might indicate, that in early Subatlantic Time glaciers advanced a little further than during the last few centuries." THORARINSSON belegt seine Beobachtungen mit tephrochronologischen Befunden:

- Auf einer Moräne, vor der Stóralda am Svínafellsjökull gelegen, findet THORARINSSON die Tephralage "Ö 1362" über ca. 5 cm Sand, der mit Humus vermischt ist, darunter folgt Moräne. Der Autor folgert, daß die

Moräne der ersten klimatischen Verschlechterung im Postglazial, dem Subatlantikum (600 v. Chr. und Jahrhunderte danach) zuzuordnen sei, da der maximale Vorstoß in historischer Zeit um 1870 n. Chr. belegt ist.

- Die zwei mächtigen Ufermoränen (Kvíármýrarkambur im Westen und Kambsmýrarkambur im Osten) des Kvíárjökull müssen viel älter als "Ö 1362" sein, der Kamm der Moränen ist dagegen sehr jung (Hochstand 1870).
- Ein aus der postglazialen Wärmeperiode stammender Lavastrom liegt unter der östlichen Moräne des Kvíárjökull. Da die Moräne also jünger als die Lava, das heißt jünger als die postglaziale Wärmeperiode, jedoch prähistorisch ist, weist THORARINSSON den Vorstoß den ersten Jahrhunderten des Subatlantikums zu. Diese Vermutung wird durch die Tatsache gestützt, daß eine 6000 Jahre alte, rhyolithische Tephralage, die man im Öræfi – Distrikt vielerorts findet, in den Grabungsprofilen auf den beiden Moränen nicht ausgemacht werden konnte.

Abb. 4: Kvíárjökull (Foto T. HABERLE)

Nach EYTHORSSON (1935, in THORARINSON, 1956) waren die die gegenwärtigen Gletscher sehr weit vorgestoßen. Sie sollen mit den Ständen der letzten tausend Jahre (historische Zeit Islands) und wahrscheinlich auch mit jenen am Ende der letzten Eiszeit vergleichbar sein. Weitere Studien THORARINSSONs (1936, 1944 und 1952) und AHLMANNs (1948) ergaben, daß die Moränen, die aus der ersten Hälfte des 18. Jahrhunderts und Mitte und zweiten Hälfte des 19.

Jahrhunderts stammen, mit dem Maximum der historischen und wahrscheinlich sogar postglazialen Gletscherausdehnung vergleichbar sind. Diese Tatsachen werden mittels tephrochronologischer Untersuchungen am Hagavatn belegt, wo die rezenten Moränen des Hagafellsjökull eystri der Maximalausdehnung des Gletschers im Postglazial entsprechen.

Nach THORARINSSON erreichten die großen Auslaßgletscher des Vatnajökull ihren Maximalstand im 18. und 19. Jahrhundert, die Auslaßgletscher des Öræfajökull schon im Subatlantikum. Ursache dafür ist der Anstieg der Schneegrenze während der postglazialen Wärmeperiode, die ein stärkeres Abschmelzen der großen, im Tiefland gelegenen Auslaßgletscher des Vatnajökull bewirkte als bei den steilen, "alpinen" Gletscherzungen, die vom Örcfajökull herunterflossen, und andererseits auch vulkanische Aktivität des Öræfajökull die Auslaßgletscher beeinflußt haben könnte (S. THORARINSSON, 1956).

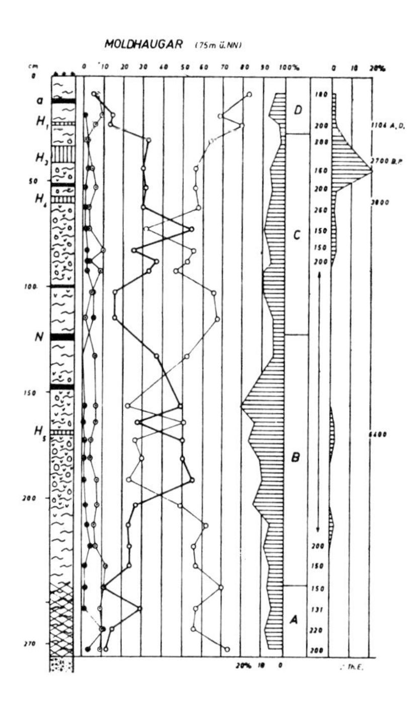

Abb. 5: Pollenprofil Moldhaugar (Th. EINARSSON, 1961)

Ein weiteres Grundlagenwerk sind Th. EINARSSONs (1961) "Pollenanalytische Untersuchungen zur spät- und postglazialen Klimageschichte Islands". Er stellt aufgrund pollenanalytischer Untersuchungen in isländischen Torfmooren die

Klimaentwicklung Islands in spät- und postglazialer Zeit dar. vier Pollenzonen werden unterschieden:

Pollenzone A (Spätglazial): - in S- und W-Island betula-frei
- in N- und E-Island: erste betula-Schwankung

Pollenzone B (in NE-Island: Präboreal-Atlantikum;
in SW-Island: Boreal und Atlantikum):
- erste betula-Großschwankung.

Pollenzone C (Subboreal, unteres Subatlantikum):
- zweite betula-Großschwankung.

Pollenzone D (Historische Zeit, d.h. nach der Landnahme):
- betula-Minimum; Bodenerosion.

Th. EINARSSON arbeitete auch in Nordisland pollenanalytisch, wo er bei Moldhaugar drei Profile aufnahm. Aus diesem Moor stammt die Radiokarbon-Datierung der Tephralage "H 5" (K-141: 6400 ± 170 BP), aus dem benachbarten Moor von Bandagerdi die Datierungen der Tephralagen "H 4" (K-140: 3830 ± 120 BP) und "H 3" (Y-85: 2720 ± 130 BP) sowie einer Probe, die 10 bis 15 cm oberhalb der Grenze der Pollenzonen A und B in Profil XII lag (Heidelberg: 7920 ± 170 BP, Th. EINARSSON, 1961: 5, 28-30, 48).

D. BARTLEY (1963, 1973) und S. HICKS (1963: unpubl.) beschrieben aus dem Bægisárdalur einen Vorstoss des Bægisárjökull um 9 km bis zum Hof Bægisá (NPL-157: 2495 ± 140 BP). N. GRIFFEY (1976) nimmt für den Bægisárjökull im Subatlantikum allenfalls einen Vorstoss an, jedoch keine 9 km. Unter Verweis auf PORTER & DENTON (1967) und DENTON & KARLÉN (1973) argumentiert GRIFFEY, daß Gletscher von der Größenordnung des Bægisárjökull nur eine Flächenzunahme von bis zu 40% ihrer heutigen Arealgröße während des Postglazials zu verzeichnen hatten. Ein Vorstoß von 9 km würde einer weit größeren Flächenzunahme des Gletschers entsprechen. GRIFFEY hält nur ein Vorrücken um 2 km für möglich (von seiner heutigen Position aus gesehen). Die äußersten Moränen liegen etwa 1,6 km vom heutigen Gletscher entfernt (Position 1960, N. GRIFFEY, 1976).

J. SIGURJONSSON (1969:7-8) beschreibt zwei Endmoränenlagen im oberen Bægisárdalur, auf 710 m ü.M. bzw. 770 m ü.M. gelegen. Die tiefer liegende Moräne besitzt einen bis 1 m mächtigen Boden. Danach ordnet er diese Moräne einem Stand um 1750/1760 zu, die höher gelegene dem von 1840/1850, weil "damals viele isländische Gletscher ihre größte Ausdehnung im Postglazial hatten." SIGURJONSSON konnte im Boden der tiefer gelegenen Moräne keine Tephra finden. Im Widerspruch dazu fand ich im Oberboden der Moräne eine saure Tephralage, die - obschon verwürgt - einige cm mächtig ist. Schließt man aufgrund der stratigraphischen Verhältnisse auf die zuoberst gelegene, mächtige Lage "H 3", so wäre die Moräne älter als 2720 ± 130 BP (Y - 85).

Th. EINARSSON (1969) stellt für das Postglazial fest, daß sich vom Búdi - Stadial bis zur Landnahme die Gletscher möglicherweise so weit zurückgezogen hatten, daß nur noch auf den höchsten Bergen perennierendes Eis existierte (zum Beispiel Öræfajökull). Da Vereisungsspuren fehlen, müße die Klimageschichte Islands mit anderen Mitteln rekonstruiert werden, zum Beispiel mittels Pollenanalyse. Daraus folgt: eine postglaziale Warmzeit zwischen 9000 und 2500 BP mit um durchschnittlich 2° bis 3°C höheren Jahresmitteltemperaturen als heute. Um 2500 BP wurde das Klima kühler und ähnelte dem heutigen, manchmal war es etwas wärmer, manchmal etwas kälter. Die kälteste Zeit fällt ins 17., 18. und 19. Jahrhundert.

Aus Nordisland weiß man, daß die Meerestemperaturen der letzten Jahrhunderte tiefer lagen als früher: Nucella lapillus lebte vor 4000 bis 5000 Jahren im Hrútafjördur, war aber dort um die letzte Jahrhundertwende nicht angesiedelt. (Th. EINARSSON, 1969: 397; I. OSKARSSON, 1982: 234). Für die Wärmeperiode zwischen 8000 BP und 2500 BP gibt H. BJÖRNSSON an, daß damals die Temperaturen im Durchschnitt 2°C höher gelegen seien als zwischen 1920 und 1960 n. Chr. (H. BJÖRNSSON, 1979).

Abb. 6: Varmavatnshólabungur í Öxnadal, ein Bergsturz im oberen Öxnadalur. (Foto T. HÄBERLE)

O. JONSSON (1976: 86 - 87, 98 - 109) hat über 200 Bergstürze aus ganz Island

beschrieben. Er rückte von der Vorstellung ab, daß sich alle großen Bergstürze am Ende der letzten Eiszeit ereignet haben sollen und ordnete die Bergstürze in fünf Altersklassen.
H.-H. MEYER und J.-F. VENZKE (1985) untersuchten im Skídadalur das Klængshóllkar genauer. Vor dem Gletscher im Kar werden verschiedene Endmoränenlagen morphologisch differenziert: die jüngeren Moränen haben prägnante Formen. Die äußeren, älteren Moränen wirken dagegen verwaschen, es sind flache Rücken und Kuppen, die zudem eine geringere Höhe aufweisen als die jungen. Drei junge Wälle und ein älteres Wallsystem werden unterschieden.
C. CASELDINE (1987) hält für das Skídadalur zusammenfassend fest, daß aufgrund seiner lichenometrischen und hammerschlagseismischen Studien die äußeren Moränen der Vorfelder ins späte 19. Jahrhundert zu stellen seien, eine Ausnahme bilde einzig der Klængshóll-Kargletscher. Und - das ist neu bei CASELDINE: "Evidence suggests however that many glaciers must have reached a position close to the 'Little Ice Age' maximum on at least one other occasion earlier in the Neoglacial." Mit dieser "Ausnahme" ist der Klængshóll-Kargletscher gemeint. MEYER und VENZKE ordneten dort aufgrund lichenometrischer Untersuchungen, Vergleich mit anderen Sequenzen und Vegetationssukzessionsanalysen zwei Wälle den Jahren 1750 und 1850 zu. Moränenformen außerhalb davon wurden dem Präboreal zugewiesen. CASELDINE erörtert nun die Möglichkeit, ob der 1750er- und 1850er-Wall nicht älter sein könnten, als dies MEYER und VENZKE annehmen, da kein Unterschied in der Verwitterung zwischen den präborealen Moränen und dem äußersten Moränenwall bestehe. Zudem habe ja schon THORARINSSON auf die Möglichkeit eines subatlantischen Gletschervorstoßes hingewiesen.
Zuletzt sei noch auf die noch nicht erschienene Dissertation DUGMORES hingewiesen, der im Vorland von Seljavalla-, Gíg- und Steinholtsjökull (Auslaßgletscher des Eyjafjallajökull) und Sólheima- und Klifurárjökull (Auslaßgletscher des Mýrdalsjökull) arbeitete. Die Studie DUGMORES zeigt erstmalig, daß ausgedehnte Gletscher auch in der sogenannten Wärmeperiode existierten. So war der Sólheimajökull z.B. zwischen 7000 BP und 4500 BP 4 km länger als heute. Andere Vorstöße dieses Gletschers setzte DUGMORE in die Zeit vor 3100 BP und zwischen 1400 und 1200 BP sowie ins 10. nachchristliche Jahrhundert. Die anderen Loben erreichten jedoch ihre Maximalausdehnung während der Kleinen Eiszeit (A. DUGMORE, in Vorbereitung: pers. Mitt.).

6. Das Historische Postglazial

Schon Oddur EINARSSON, Bischof zu Skálholt von 1589 bis 1630, kannte die Gletscherbewegung und stellte 1590 fest, daß die Gletscher im Wachstum begriffen seien (E. GUDMUNDSSON, 1973: 156; W. SCHUTZBACH, 1985: 139 – 140). Während seiner Inspektionsreisen durch Island in den Jahren 1702 bis 1712 hielt Árni MAGNÚSSON in den "Chorographica Islandica" u.a. Eisbewegungen des Sólheimajökull fest. Eine weitere Beschreibung von Sigurdur STEFÁNSSON vom 21. Juli 1746 gibt Auskunft über Gletscherpositionen in Austur – Skaftafellssýsla in Südostisland (S. THÓRARINSSON, 1960: 6 – 9).
Sveinn PÁLSSON (1762 bis 1840) trug sehr viel zur Kenntnis der isländischen Gletscher bei. Sein "Jöklaritid" ("Gletscherschrift"; 1794) erwähnt u.a. einige Gletscher zwischen Skaga – und Eyjafjördur. Der größte dieser Gletscher soll der Túnahryggsjökull sein (S. PÁLSSON, 1794; 1883 erstmals gedruckt; isld. Neuauflage 1983). In seinem Tagebuch von 1794 beschreibt PÁLSSON auch einen kleinen Gletscher auf der Hjaltadalsheidi. Nach dieser Beschreibung hat dieser relativ kleine Gletscher große Moränenwälle aufgeschüttet und einen alten Weg überfahren, von dem an der Lokalität "Rudningar" noch Überreste unter dem Schnee zu sehen seien (S. PÁLSSON, 1794; isld. Neuauflage 1983: 408). Von grundlegender Bedeutung ist THORODDSENs Arbeit "Island: Grundriß der Geographie und Geologie" (1905/1906), aus der nachfolgend aus dem 5. Kapitel, "Die Gletscher Islands", einige Passagen zitiert werden, die Tröllaskagi betreffen:
"Auf der Halbinsel zwischen Skagafjördur und Eyjafjördur finden sich mehrere kleinere Gletscher. Diese Halbinsel ist sehr gebirgig und erreicht eine Höhe von 10 – 1400 m."..."Auf der westlichen Seite [des Eyjafjördur] haben sich die Schneehaufen zu einer beträchtlichen Firnfläche vereinigt, von welcher kleine Gletscher ausgehen, dahingegen vermochten auf dem schmalen östlichen Gebirgsarm eigentliche Gletscher nicht zu entstehen, obwohl auch hier bedeutende Schneehaufen vorhanden sind. Vom Vindheimajökull, der ein Areal von ca. 30 km^2 bedeckt, gehen hier und da kleine Gletscher in die Klüfte nieder, und von einem derselben wird ein kleiner Gletscherlauf im Jahre 1801 erwähnt, welcher dem Fluße Bægisá eine trübe Gletscherfarbe verlieh, die sich den ganzen Sommer hindurch hielt. Sowohl am Eyjafjördur als auch im Yxnadalur [= *Öxnadalur*] sind in Karen an den Gebirgsrändern mehrere Firnhaufen, zuweilen mit Spuren von Gletscherbildungen vorhanden, wie bei Hraun im Yxnadalur und in Úlfárskál im Eyjafjördur."
"Auf dem höchsten Rücken, der östlich vom Yxnadalur von S nach N von der Halbinsel nach außen läuft, sind eine Reihe kleinerer Gletscher vorhanden, zu denen sich von beiden Seiten mehrere bewohnte Täler hinauf erstrecken. Von W:

Unadalur, Deildardalur, Kolkudalur [gemeint sind: Kolku – und Kolbeinsdalur] und Hjaltadalur; von O: Svarfadardalur, Barkárdalur und Myrkárdalur, von denen die zwei letzten Nebentäler des Hörgárdalur sind."..."Der südlichste von diesen Gletschern ist der Myrkárjökull, ein kleiner Jökel (30 km^2), von dem sich ein Gletscher zum Hjedinsdalur [= *Hédinsdalur*], einem Nebental des Hjaltadalur, erstrecken soll;..."..."Hierauf folgt der sogenannte Túnahryggsjökull [= *Tungnahryggsjökull*], die größte Gletscherstrecke mit einem Areal von ca. 75 km^2, der sich vom Barkárdalur nach O bis in die Nähe des Hjedinsdalur erstreckt, wo derselbe vom Myrkárjökull durch einen Rücken getrennt wird; nach N reicht er bis zur Heljardalsheidi am Beginn des Svarfadardalur hinab. Soviel man weiß, gehen vom Túnahryggsjökull vier Gletscher in die Täler nieder, von denen sich der eine ins Gljúfurárdalur, einem Nebental des Skidadalur, ein anderer ins Barkártal, und zwei ins Kolkudalur hinabziehen..."..."Der Gletscher im Gljúfurárdalur soll in den Jahren 1860 – 96 bedeutend abgenommen haben. Nordwestlich vom Túnahryggsjökull liegen kleinere Firnmassen, Unadalsjökull und Deildardalsjökull, welche zusammen ein Areal von ungefähr 40 km^2 bedecken; dieselben stehen im Zusammenhang mit den großen Schneehaufen in den Talschlüßen, von eigentlichen Gletschern weiß man nichts, obwohl in den isländischen Annalen vom 17. Jahrhundert ein Gletscherlauf vom Unadalsjökull erwähnt wird. In warmen Sommern teilen sich diese Gletscher leicht in mehrere kleinere, wenn auf den verschiedenen Bergrücken die Schneemassen auftauen. Alle diese kleinen Gletscher sind in den Einzelheiten unbekannt und niemals näher beschrieben worden, auch läßt die Karte von diesen Gegenden sehr zu wünschen übrig."..."Auf Reykjaheidi, zwischen Svarfadardalur und Olafsfjördur befand sich die Grenze der ständigen, größeren Schneehaufen am 7. Juli 1896 auf der Südseite 390 m ü.M., auf der Nordseite 530 m hoch." (T. THORODDSEN, 1905/1906: 206 – 207).

Wenn man THORODDSENs Ergebnisse von 1905/1906 mit jenen in "Islands Jökler i Fortid og Nutid" (Th. THORODDSEN, 1891/1892: 131) vergleicht, stellt man fest, daß er für die Nordlandgletscher (Vindheima – , Myrkár – , Tungnahryggs – , Unadals – und Deildardalsjökull) insgesamt eine Fläche von 175 km^2 und eine Höhenlage zwischen 1200 und 1466 m ü.M. angibt (Th. THORODDSEN, 1905/1906: 206 – 208). THORODDSEN hat die Gletscherflächen sicher überschätzt, wie ein tabellarischer Vergleich mit den Angaben in den Karten des dänischen Generalsstabs von 1930/1931 zeigt:

Gletschergebiet	THORODDSEN (1905/06)	Karten (1930/31)
	km^2	km^2
Vindheimajökull	30	1.6
Tungnahryggsjökull	75	24.0
Myrkárjökull	30	2.5
Unadals - /Deildardalsjökull	40	7.1

H. AHLMANN (1937: 212) hielt THORODDSEN bereits 1937 entgegen, daß dessen Flächenberechnungen an einigen Orten zu groß ausgefallen seien. S. THORARINSSON (1943: 17) errechnete für das Tröllaskagigebirge eine Gletscherfläche von nur 68.6 km^2. Weiter hält S. THORARINSSON (1943: 45) fest, daß sich die Gletscher auf Tröllaskagi in den letzten Dekaden beträchtlich zurückgezogen haben. und er äußerte den Wunsch: "A closer examination of the district is highly desirable, as this is a pronounced alpine area, with a relatively continental climate and circus glaciers, in contrast to the plateau ice districts in the other parts of the country, where precipitation is heavy."
Nach H. HAFLIDASON (1983: 28) beträgt die Fläche aller Gletscher auf Tröllaskagi ca. 40 km^2, nur wenige Gletscher seien größer als 1 km^2.
Äußerst wichtig für die Untersuchungen an Gletschern war die kartographische Landesaufnahme durch den dänischen Generalstab ab 1900. Noch bis 1930 wurden aber keine regelmäßigen Messungen über Gletscherbewegungen durchgeführt. Erst BÁRDARSSON faßte die Daten THORODDSENs, RABOTs, die Karten des dänischen Generalstabes sowie die Untersuchungen EYTHORSSONs, EIRÍKSSONs und anderer Forscher zusammen (G. BÁRDARSSON, 1934; S. THORARINSSON, 1943: 5). Im Sommer 1930 begannen EYTHORSSON und EIRÍKSSON als erste mit der Vermessung isländischer Gletscher. Während EIRÍKSSON im Südosten arbeitete, untersuchte EYTHORSSON einige Talgletscher von Mýrdals-, Eyjafjalla-, Tind(a)fjalla- und Snæfellsjökull. Ferner wurde 1935 ein umfangreicher Bericht zum Drangajökull und seinen Auslaßgletschern publiziert (J. EYTHORSSON, 1935). EYTHORSSON gab 1931 als erster Werte für die Altschneelinie. In Nordisland liegt sie bei 900 m ü.M. (H. AHLMANN, 1937: 212).
Auf Tröllaskagi werden von H. AHLMANN (1937: 221-223) 25 Kargletscher genannt. Tröllaskagi sei nicht durch eine Inlandeismasse überformt, sondern im Relief weitgehend durch ein Eisstromnetz gestaltet worden. Namentlich werden Unadals-, Deildardals-, Myrkár-, Hjaltadals-, Vindheima-, Tungnahryggs-, Bægisár- und Kerlingarjökull erwähnt. Die Bewohner des Gebietes schildern die Gletscher als im Rückzug begriffen; so auch C. MANNERFELT, der den Vindheimajökull im August 1936 beschreibt. AHLMANN nennt neue Werte für die Altschneelinie: Vindheimajökull: 1200 m ü.M., Kerling: 1250 m ü.M.,

Unadals-, Tungnahryggs- und Myrkárjökull: ca. 1000 m ü.M. Ferner stellte AHLMANN fest, daß die Vergletscherungsgrenze von 1150 m ü.M. in den äußeren und südlichen Teilen von Tröllaskagi auf 1350-1400 m ü.M. im zentralen Teil der Halbinsel ansteigt.
S. SIGURDSSON (1938: 93) beschreibt verschiedene Paßwege und -übergänge vom Eyja- zum Skagafjördur. Vom Nýjabæjarfjall, einem in ca. 1000 m ü.M. gelegenen Hochplateau, dem nördlichsten noch in Zusammenhang mit dem zentralisländischen Hochland stehenden Ausläufer, berichtet er, daß dieses Plateau "eine Hochebene ist, die an der Grenze dazu ist, ein Gletscher zu sein." (S. SIGURDSSON, 1938: 95; H. JONASSON, 1946: 222).

Neben der ausgezeichneten Übersicht THORARINSSONs über die Schwankungen der isländischen Gletscher während der letzten 250 Jahre, die jedoch noch sehr spärliche Angaben zu den Nordlandgletschern macht (S. THORARINSSON, 1943), folgen in den Vierzigerjahren weitere Beiträge zu Tröllaskagi: 1942 ein Artikel von T. EINARSSON über das Glerárdalur. Er beschreibt u.a. den Blockgletscher im Lambárdalurs und hält fest, daß in den letzten zwei Sommern aller Neuschnee von den Gletschern im Glerárdalur weggeschmolzen sei (T. EINARSSON, 1942: 6). T. EINARSSON berichtet auch vom Einzugsgebiet der Hörgá, daß sich nordöstlich des Berges "Bunga" ein kleiner Gletscher ("Bungujökull") befinde, der in einen kleinen See auslaufe und daß darauf im Sommer Eisschollen umherschwimmen (T. EINARSSON, 1942: 10). Bei unserem Besuch auf der Bunga im Sommer 1986 konnten wir den erwähnten See ausmachen, wenn er auch etwas kleiner sein dürfte als 1942.
Ab etwa 1950 werden Berichte und Literatur zu Tröllaskagi häufiger. Ab 1951 erscheint die Zeitschrift "Jökull" (einmal jährlich), in der Längenänderungen verschiedener Gletscherzungen publiziert werden. Die Zungenlängen der Gletscher auf Tröllaskagi haben sich wie folgt geändert:

ZUNGENLÄNGENÄNDERUNGEN DER GLETSCHER AUF TRÖLLASKAGI

Tungnahryggsjökull eystri:	Juli '39 -	Dez. '52	- 75m
	'52 -	58	- 107m
Tungnahryggsjökull vestri:	'52 -	'58	- 71m
Gljúfurárjökull:	'39 -	'53	- 46m
	'53 -	'55	- 68m
	'55 -	'56	- 25m
	'56 -	'57	- 16m
	'57 -	'58	- 6m
	'58 -	'59	- 21m
	'59 -	'62	- 45m
	'62 -	'64	- 37m
	'64 -	'65	- 12m
	'65 -	'66	- 4m
	'66 -	25.8.69	- 30m
	25.8.69 -	31.8.70	+ 5m
	31.8.70 -	22.8.71	- 11m
	22.8.71 -	12.9.72	- 16m
	12.9.72 -	04.9.76	- 74m
	04.9.76 -	20.9.78	+ 11m
	20.9.78 -	15.9.83	+ 83m
	15.9.83 -	20.9.84	- 5m
	20.9.84 -	4.10.85	- 5m
Hálsjökull:	3.10.72 -	19.9.75	stationär
	19.9.75 -	18.9.78	- 17m
	18.9.78 -	29.9.81	+ 7m
	29.9.81 -	03.9.83	+ 350m
	03.9.83 -	04.9.84	- 15m
	04.9.84 -	15.9.85	- 358m
Bægisárjökull:	'24 -	'39	- 500m
	'39 -	'57	- 101m
	'57 -	15.9.67	stationär, ev. leichter Rückzug
	(15.9.67 -	'68	- 5m)
	15.9.67 -	28.7.77	- 100m
Barkár(dals)jökull:	'56 -	'75	ca. - 180m

Anmerkung: Die Ergebnisse der Messungen der Zungenlängenänderungen der isländischen Gletscher ab 1930 bis 1960 wurden in "Jökull", 13. Jg., 1963, publiziert. Auf Tröllaskagi wurden lediglich fünf Gletscher bzw. sechs Gletscherzungen vermessen, zudem noch meistens in unregelmäßigen Zeitintervallen.

Abb. 7: Der Bungujökull oberhalb Akureyri (Foto T. HÄBERLE)

T. EINARSSON (1951) weist auf kleine Gletscher zwischen Kadaldalur und Ytri – Brettingsstadadalur hin, die auf der isländischen Karte (Uppdráttur Islands, 1:100000, Blatt 71 (Tjörnes)) nicht verzeichnet sind, obschon Flurnamen wie "Jökulbrekka" auf Gletscher hindeuten. In den genannten Tälern liegen die Gletscher etwa zwischen 600 und 750 m ü.M. Die Vergletscherungsgrenze nach AHLMANN läge in diesem Gebiet etwa bei 1000 bis 1100 m ü.M. (T. EINARSSON, 1951: 15). Auch diese Tatsache soll wiederum vor Augen führen, wie wenig man über die Gletscher in Nordisland weiß.
1953 besuchte Eysteinn TRYGGVASON den Lambárdalsjökull im Einzugsgebiet der Glerá. TRYGGVASON beschreibt auf diesem Blockgletscher verschiedene Pflanzenarten. Ferner mache der Gletscher den Eindruck, daß er seit der Eiszeit noch nie in einer so vorgerückten Lage gewesen sei; die Bewegung scheine sehr langsam zu sein, die Lambá, die der Blockgletscherstirn entspringe, färbe aber die Glerá deutlich mit Gletschermilch. Schließlich hält der Autor noch fest, daß diese Gletscher mit ihrer starken Schuttbedeckung im unteren Zungenbereich etwas Besonderes darstellten und daß westlich des Eyjafjördur zahlreiche von diesen

Gletschern anzutreffen seien, die auf isländischen Karten nicht speziell verzeichnet seien. TRYGGVASON verwendet immer den Begriff "Gletscher", erst später klassifizierte HALLSDOTTIR diesen als Blockgletscher (E. TRYGGVASON, 1953: 43-44; M. HALLSDOTTIR, 1984: 4, 30).

In der Ausgabe 1956 von "Jökull" beschreibt BERGTHORSSON, daß der Gletscher von 1900 bis 1956 um 412 m zurückgewichen war (P. BERGTHORSSON, 1956: 29).

In seinen Tagebuch-Auszügen von 1939, die 1956 und 1957 publiziert wurden, beschreibt EYTHORSSON die ausgedehntesten Gletscherareale auf Tröllaskagi. 1939 errichtete er an verschiedenen Stellen vor den Gletschern Steinwarten und maß die Distanz zu den Gletscherstirnen, so auf der Heljardalsheidi, beim Tungnahryggsjökull und Gljúfurárjökull, beim Gletscher im Heidinnamannadalur sowie auch im Barkárdalur (vgl. oben). EYTHORSSON beschreibt als erster das Vorfeld des Barkárdalsjökull: der Gletscher habe früher 1,5 bis 2 km weiter talwärts gestirnt. Am 30. Juli 1939 lag die Schneelinie auf 1030 m ü.M. EYTHORSSON vermutete, daß die Altschneelinie bis zum Ende des Sommers über 1100 m ansteigen werde. Den südlichen Teil des Barkárdalsjökull beschreibt der Autor als stark zurückgeschmolzen (J. EYTHORSSON, 1956).

I. SCHELL (1961) erkennt, daß das Meereis vor der Küste Islands, über welches Beobachtungen seit dem 9. Jahrhundert existieren, ein Klimamaß für Island, Grönland, Europa, Nord- und Südamerika sowie möglicherweise noch für weitere Gebiete ist. Zeiten mit wenig Meereis vor den isländischen Küsten scheinen in Verbindung mit höheren Temperaturen und geringeren Niederschlägen, tieferen Seespiegeln und geringeren Abflußraten zu stehen. Perioden mit viel Meereis stehen dagegen in Zusammenhang mit tieferen Temperaturen, höheren Niederschlagswerten und Seespiegeln sowie größeren Abflußraten. Die Zeit zwischen 900 und 1200 n. Chr. mit wenig Meereis vor der isländischen Küste war beträchtlich milder und vermutlich auch trockener als die Periode von 1600 bis 1900 n. Chr., als Meereis die Küsten Islands hart bedrängte.

BERGTHORSSON (1967) versuchte den Temperaturverlauf in Island auf dieser Basis von der Landnahmezeit bis heute zu rekonstruieren. Dabei waren ihm die Temperaturmessungen von Stykkishólmur und von Teigarhorn seit Mitte des 19. Jahrhunderts, sowie Beobachtungen zum Meereis vor den isländischen Küsten nützlich, v.a. für die Zeit von 17. bis ins 19. Jahrhundert. Vor 1600 leitete BERGTHORSSON die Temperaturen aus anderen Überlieferungen ab: z.B. aus Notzeiten, in denen das Meereis Island praktisch ganz umschloß und viele Menschen an Hunger starben.

Aus vorstehendem Diagramm und dem ihm zugrunde liegenden Literaturstudium schließt BERGTHORSSON auf eine "kalte Zeit" im 13. und 14. Jahrhundert, die großen Schaden in der Landwirtschaft anrichtete. Auch Berichte des norwegischen Priesters Ivar BÁRDARSON, der sich 1341 bis 1363 in Gardar in Südwestgrönland aufhielt, bestätigen diese Aussagen.

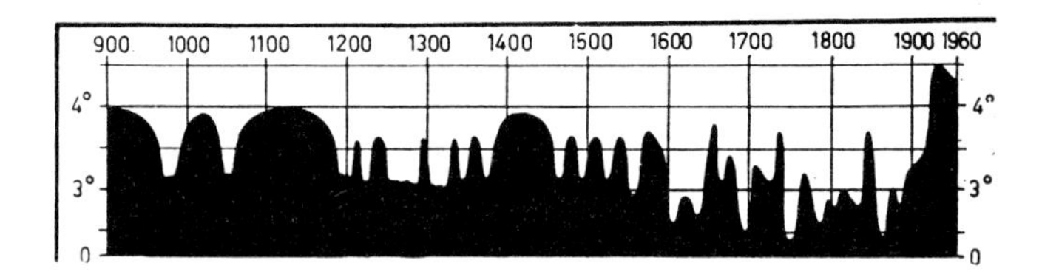

Abb. 8: Temperaturverlauf auf Island seit der Landnahme (P. BERGTHORSSON, 1967)

Im Sommer 1961 unternahm die Chelsea College Union eine Expedition ins Bægisárdalur. Eine erste geologische Aufnahme dieses Gebietes wurde erstellt. Dabei stellten die Expeditionsteilnehmer fest, daß das Eis an der westlichen Talflanke des Lambárdalur (linkes Seitental des Bægisárdalur) im Rückzug begriffen ist (Chelsea College Union, 1961).

Im Sommer 1962 besuchte eine Expedition der Glasgow University den Vindheimajökull. Einleitend wird im Expeditionsbericht auf die Ungenauigkeit der offiziellen 1:100000 - Karte, Blatt 63 (Akureyri), hingewiesen: während die Karte lediglich ein Eisfeld zeigt, existieren hier tatsächlich drei kleinere Talgletscher, die Richtung Hörgárdalur fließen (Vindheimajökull vestri und eystri sowie Bungujökull). Die Expedition interessierte sich vor allem für den Vindheimajökull eystri, den größten der drei genannten Gletscher, der eine Länge von 2,4 km aufwies (C.A. HALSTEAD, 1962). Meine Längenberechnungen (1986) zeigen beim gleichen Gletscher einen Wert von 1,7 km.

Seit 1920 begann sich Nucella lapillus in Nordisland anzusiedeln (Th. EINARSSON, 1969: 397; I. OSKARSSON, 1982: 234). In der Diskussion zum Beitrag T. EINARSSONS wird darauf hingewiesen, daß in Grönland die Birke kurz nach der Landnahme verschwindet. Nicht ein Temperatursturz soll dies verursacht haben, sondern ein feuchteres Klima (S. THORARINSSON, 1969: 399 - 400, in: Th. EINARSSON, 1969).

SIGFUSDOTTIR untersuchte die Temperaturveränderungen zwischen 1846 und 1968 in Stykkishólmur, also seit dem Beginn der Instrumentenbeobachtung in

Island (Beginn: November 1845). Die Temperaturmessungen decken somit das Ende der Kleinen Eiszeit ab. SIGFUSDOTTIR unterteilt diese Schlußphase der Kleinen Eiszeit in eine erste, kältere (1853 bis 1892) und eine zweite, mildere Phase (1893 bis 1920). Die winterlichen Durchschnittstemperaturen dieser genannten zwei Phasen sind – 2,3°C bzw. –1,7°C. Während der 123-jährigen Beobachtungszeit schwankte die jährliche Durchschnittstemperatur zwischen 0,9°C (1859 und 1866) und 5,2°C (1941). Die wärmsten Jahre sind 1926 bis 1965 mit einer Durchschnittstemperatur von 4,2°C. Die letzten drei Jahre sind bereits wieder etwas kühler, mit Durchschnittstemperaturen zwischen 3,0° und 3,2°C und liegen damit seit 1925 unter dem Gesamtdurchschnitt von 3,4°C (A.B. SIGFUSDOTTIR, 1969).

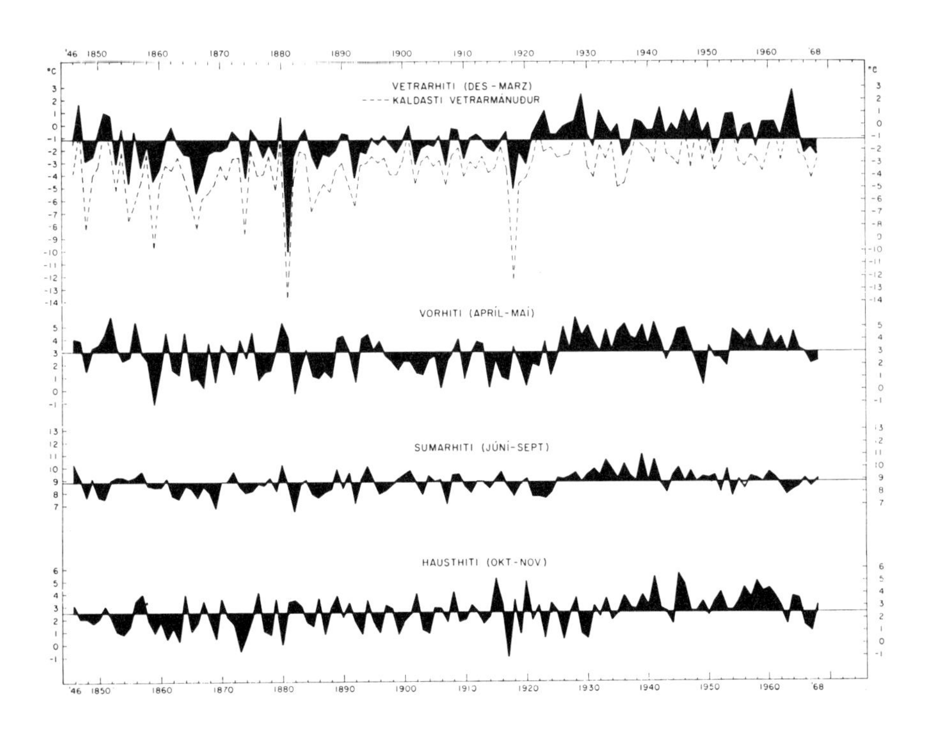

Abb. 9: Temperaturkurven der verschiedenen Jahreszeiten in Stykkishólmur, 1846 – 1968 (Vetrarhiti = Winterdurchschnittstemp. Dez. – März; kaldasti vetrarmánudur = kältester Wintermonat; vorhiti = Frühlingsdurchschnittstemp. April – Mai; sumarhiti = Sommerdurchschnittstemperatur Juni – Sept.; hausthiti = Herbstdurchschnittstemperatur Okt. – Nov.)

Diese Abnahme bei den Lufttemperaturen während der letzten sechs Jahre wies

STEFÁNSSON auch bei den Meerestemperaturen nach (U. STEFÁNSSON, 1969). THORARINSSON meinte, daß Veränderungen in der atmosphärischen Zirkulation auf Island einen viel größeren Einfluß ausübten als auf kontinentale Gebiete, da die Meeresströmungen und Treibeis durch diese beeinflußt würden. Die Temperatur sei der wichtigste Faktor für den Haushalt der isländischen Gletscher (S. THORARINSSON, 1969a: 103 und 1969b: 364 - 388).

Klimaveränderungen in historischer Zeit werden über die Verbreitung des Gerstenanbaus nachgewiesen. Die Gerste war nach der Landnahme in Island noch weit verbreitet, um 1150 n. Chr. hatte ihr Anbau in Nordisland aufgehört und um die Mitte des 14. Jahrhunderts kam das Getreide nur noch an wenigen Stellen in Südisland vor. Noch vor 1600 hörte der Gerstenanbau ganz auf (J. EYTHORSSON und H. SIGTRYGGSSON, 1971: 26 - 27). Gerstenanbau wird kurz nach der letzten Jahrhundertwende auf der Insel Videy wieder erwähnt (P. HERRMANN, 1987: 168).

Am südlichen Vatnajökull nimmt EYTHORSSON die Schneegrenze für die Kleine Eiszeit ca. 300 m tiefer an als heute (entsprechend einer Absenkung der Durchschnittstemperaturen um 1,5 K). Das bewirkte Vorstöße der Auslaßgletscher des Vatnajökull um mehrere Kilometer. Die Maximalausdehnung der Gletscher während der Kleinen Eiszeit wird mit 1750, 1850 und 1894 angegeben (J. EYTHORSSON und H. SIGTRYGGSSON, 1971: 55).

Bei Messungen zum Massenhaushalt des Bægisárjökull kommt H. BJÖRNSSON (1971) zum Schluß, daß advektive Wetterlagen einen sehr großen Einfluß auf das Verhalten des Gletschers haben. Da die Advektion so bestimmend ist, können die Daten der Wetterstationen (z.B. Akureyri) herangezogen werden, um die Massenbilanz der Gletscher auf Tröllaskagi zu bestimmen. Dazu müssen nach BJÖRNSSON4 mindestens zehn Jahre meteorologische und glaziologische Beobachtungen auf den betreffenden Gletschern selbst gemacht werden. H. BJÖRNSSON stellte folgende Faustregel für den Bægisárjökull auf: "Fällt die durchschnittliche Lufttemperatur für die Monate Mai bis September in Akureyri unter 8°C nach einem Winter mit normalem Niederschlag, so wächst der Bægisárjökull." Der Trend zu kühleren Sommern bei normalem Winterniederschlag fördert wiederum den Trend zu positiver Massenbilanz. Den Trend zu kühleren Sommern sieht H. BJÖRNSSON in Nordisland am ausgeprägtesten. Ferner berichtet er über die Schneelinie auf dem Gletscher am 30. September 1967 in 1015 m ü.M. (H. BJÖRNSSON, 1971: 1, 20 - 21).

Der zweite Teil von BJÖRNSSONs Arbeit befaßt sich mit dem Energiehaushalt des Bægisárjökull: Nordwinde vom Meer her bringen im Winter den Schnee, im Sommer reduzieren sie dagegen v.a. die Ablation. Südliche Winde sind für die

höchsten Ablationsraten verantwortlich (H. BJÖRNSSON, 1972: 58).
1972 publiziert HALLGRÍMSSON seine Beobachtungen vom Teigadalsjökull vom Sommer 1971. Ein Surge Ende Mai 1971 bewirkte damals einen Vorstoß dieses Gletschers um 100 m bis 150 m. Der Teigadalsjökull ist 1 km lang und 500 m breit. Der Surge wurde nur indirekt, durch Bewohner der Bauernhöfe Melar und Urdir beobachtet, die eine Farbveränderung des Flußes Teigará feststellten und bemerkten, daß der Fluß ungewöhnlich sedimentreich war; die Wassermenge überstieg jedoch nur minimal die jährlichen Frühjahresschmelzwässer. Ähnliches berichtete auch der Bauer Halldár HALLGRÍMSSON von Melar über den Gletscher im westlich an das Teigadalur anschließenden Bárfellsdalur, wo 1912 oder 1913 ein Surge beobachtet worden sei (H. HALLGRÍMSSON, 1972: 79, 82).
KRISTINSSON erwähnt eine aktive Transfluenz des Tungnahryggsjökull ins Barkárdalur (K. KRISTINSSON, 1973: 150). Nach E. GUDMUNDSSON sind Tungnahryggs-, Barkárdals- und Myrkárjökull sowie der kleine Gletscher im Talschluß des Sandárdalur seit der letzten Jahrhundertwende stark zurückgeschmolzen. Mit dem Gletscherrückzug scheint ein Vegetationszuwachs, z.T. bis über 1000 m ü.M., stattgefunden zu haben. So war beispielsweise ein großer Teil der Hochebene westlich des 1045 m hohen Nónhnjúkur zwischen Barkár- und Myrkárdalur 1915 noch völlig vegetationsfrei, im Jahre 1960 jedoch war dieselbe Ebene dicht bewachsen und Schafe weideten darauf (E. GUDMUNDSSON, 1973: 151-152).
1972 arbeitete der britische "Young Explorers' Trust" in Absprache mit S. RIST und H. BJÖRNSSON ein Projekt für ein nordisländisches Gletscherinventar auf Tröllaskagi aus ("North Iceland Glacier Inventory"). Dieses Projekt richtete sich nach den Empfehlungen der International Commission of Snow and Ice (ICSI). Die Inventarisierung soll dabei in vier Etappen erfolgen:

1) Lokalisierung und Indizierung aller perennierenden Schnee- und Eismassen aufgrund vorhandener Karten und Luftbilder. 106 Eismassen wurden registriert.
2) Feldbegehungen, um Berichte über den Zugang und die Erreichbarkeit dieser Gletscher sowie deren Momentanzustand zu erstellen. Errichten von Meßpunkten.
3) Kartieren ausgewählter Gletscher im Maßstab 1:5000.
4) Wiederholte Messungen und Kartierungen in regelmäßigen Abständen.

Darauf besuchten britische Gruppen 1973 Gljúfurár-, Bægisár-, Thverár- und Teigadalsjökull (T. ESCRITT, 1974a: 60).
Im "Manual for field survey parties" werden die verschiedenen perennierenden Eismassen auf Tröllaskaggi aufgezählt und mit Namen belegt (T. ESCRITT,

1974b: 35 – 37). Die Liste ist nach Beobachtungen und Kartierungen des Autors zu revidieren, das gilt für Anzahl und Namen der Gletscher.

1974 unternahm "The Dorset Association of Youth Clubs" eine Expedition nach Nordisland und untersuchte v.a. die Eismassen im hinteren Svarfadardalur (Klassifizierung gemäß Gletscherinventar: 05 D4 bis 05 D9) mit den vor ihnen liegenden Moränen (S. LACEY, 1974: 1 – 8).

1975 untersuchte die "British Girls' Exploring Society" im Thorvaldsdalur und seinen Seitentälern sämtliche Eismassen. Wegen Schneebedeckung war keine exakte Gletschervermessung möglich und es wurden auch keine Meßpunkte an den Gletscherzungen errichtet. Drei Eismassen, die zur Hörgá entwässern, werden in diesem Bericht ebenfalls beschrieben. Beim Gletscher im Illagilsdalur handelt es sich um einen aktiven Blockgletscher, bei den zwei anderen um zwei kleine Gletscher im Ytri – Tungudalur, einer davon ist im Inventar nicht aufgeführt (S. BRIDGES, 1975: 16 – 18; T. ESCRITT, 1976: 59).

Im selben Jahr untersuchte die "Plas Gwynant Expedition" das Barkárdalur (C. HUDSON, 1975) und ergänzte das Gletscherinventar im Raume Barkárdalur. Gletschermarken wurden erstellt und Messungen durchgeführt (C. HUDSON, 1975; T. ESCRITT; 1976: 59 – 60).

1976 wird zum ersten Male durch "The High School of Glasgow" an einer Karte des Hálsjökull im Maßstab 1:5'000 gearbeitet, die 1978 im "Jökull" publiziert wurde (R. METCALFE, 1976 und 1978: 59 – 60).

1978 besuchten Mitglieder der "Westlands School" Bárfells – , Teiga – und Kerlingárdalur, drei Seitentäler des Svarfadardalur. Gletscher und Firnfelder wurden vermessen und Moränen kartiert sowie Gletscher – Meßpunkte errichtet (R. KING, 1978).

Weiter hat sich H. BJÖRNSSON mit der Flächenausdehnung der isländischen Gletscher befaßt. Gegenwärtig (1978) bedeckten diese Gletscher 11260 km^2 oder 10,9% der Fläche Islands.

Seit der Kartierung durch den dänischen Generalstab zwischen 1903 und 1940 hat die Gletscherfläche um 5% abgenommen. H. BJÖRNSSON beziffert die Zahl der Gletscher auf Tröllaskagi mit 115, ihre Gesamtfläche (Kartierung in den Jahren 1930 bis 1931) gibt er mit ca. 60 km^2 an (H. BJÖRNSSON, 1978: 31). Nach THORARINSSON beträgt die planimetrierte Gletscherfläche der gleichen Jahre 1930/1931 auf Tröllaskagi 68,6 km^2 (S. THORARINSSON, 1943: 17). Aus Luftbildern von 1960 gab H. BJÖRNSSON einen Wert von ca. 40 km^2 (H. BJÖRNSSON, 1978: 31). Nach meinen eigenen Messungen komme ich heute auf eine vergletscherte Fläche von mindestens 96,5 km^2, allein im Einzugsgebiet der Hörgá sind 39,5 km^2 vergletschert.

1979 wurde ein detaillierterer Bericht zum Gljúfurárjökull publiziert. Hauptzweck der "Exeter University Expedition" unter CASELDINE war es, die Lage des Gljúfurárjökull zu überprüfen. Der Eisrand dieses Gletschers wurde genau aufgenommen und Moränenwälle innerhalb der äußeren Vorfeldbegrenzung kartiert. CASELDINE nennt diese äußere Vorfeldbegrenzung "the outer '1750' moraine" (C. CASELDINE, 1979: 1, 11, 15, 21). H. BJÖRNSSON beschreibt den Gljúfurárjökull als den aktivsten Gletscher auf Tröllaskagi mit einer Fläche von 2,4 km^2 und einer maximalen Eismächtigkeit von 120 m (H. BJÖRNSSON, 1979: 74). Berechnungen MÜLLERs (H.-N. MÜLLER, 1984: 164) und meine eigenen Planimeter- Flächenberechnungen ergaben jedoch übereinstimmend einen Wert von 3,7 km^2 für den Gljúfurárjökull.

In der Publikation über die Exkursion des Geographischen Institutes der Universität Zürich "Island 79" wurden die Gletscherzungenänderungen einiger Auslaßgletscher des Vatnajökull in historischer Zeit diagrammartig dargestellt und mit den Zungenänderungen von Alpengletschern verglichen. Die Autoren kommen zum Schluß, "daß die isländischen Gletscher wie die Alpengletscher der Schweiz in historischer Zeit ähnlichen Schwankungen unterworfen waren" (J. SUTER ET AL., 1980: 76 - 78).

In seiner "Jardsaga Glerárdals" ("Erdgeschichte des Glerárdalur") geht H. HALLGRÍMSSON auf fünf Gletscher der Umgebung ein:

- vor dem 3 km langen Blockgletscher im Lambárdalur finden sich keine älteren Moränen.
- vor dem Gletscher im Talschluß, dem Glerárdalsjökull, finden sich Moränen im Talboden, eine Distanzangabe zum Gletscher fehlt.
- Vindheimajökull: vor dem Bungujökull bilde sich im Sommer jeweils ein kleiner Schmelzwassersee.
- im Fremri - Lambárdalur liegt ein kleiner Blockgletscher; ebenso existiert ein kleiner Blockgletscher unterhalb des Tröllafjall, in der sogenannten Tröllaskál, die ein mächtiges Kar mit Karsee (Tröllaspegill) darstellt (H. HALLGRÍMSSON, 1980).

In einem Beitrag aus dem Jahre 1979 zeigte SCHUNKE, daß die Ende des vorigen Jahrhunderts eingetretene Erwärmung der Arktis und ihrer Randgebiete seit dem Beginn der 60er-Jahre dieses Jahrhunderts von einem markanten Temperaturrückgang abgelöst wird. SCHUNKE verglich die wichtigsten thermischen Parameter 1961 bis 1975 mit denen der Periode 1931 bis 1960. Außer dem Rückgang der Sommerwärme stellte SCHUNKE insbesondere eine Verschärfung des Frostregimes fest (E. SCHUNKE, 1979).

Von der Landnahme bis zum 13. Jahrhundert wird das Klima mit der Wärmeperiode 1920 bis 1960 verglichen. Im 14. Jahrhundert setzte die Klimaverschlechterung ein, die in der Zeit zwischen 1600 und 1920 kulminierte. Die Durchschnittstemperaturen waren damals um 3 K bis 4 K tiefer als während des postglazialen Wärmeoptimums. Die steileren Gletscher erreichten ihren Maximalstand um 1750, die flacheren Loben der Plateaugletscher zwischen 1850 und 1894. Während der Kleinen Eiszeit bildeten sich Gletscher auf Gláma und Ok. Seit 1890 zogen sich die größten Auslaßgletscher des Vatnajökull um 2 bis 3 km zurück, das Eisvolumen des Vatnajökull schrumpfte um 5 bis 10%. Die Gletscher auf Gláma und Ok verschwanden wieder. Lokale Klimaverschlechterungen bewirkten z.T. dennoch Gletschervorstöße: so stießen drei Auslaßgletscher des Drangajökull in Nordwestisland zwischen 1933 und 1942 vor. Auch katastrophale Gletschervorstöße sind bekannt: so surgte der Brúarjökull zwischen 1963 und 1964 acht Kilometer! Der Trend zu kühleren Sommern seit den 1940er-Jahren bewirkte, daß einige Gletscherzungen bereits wieder vorstoßen, so z.B. Sólheima- und Höfdabrekkujökull, zwei Auslaßgletscher des Mýrdalsjökull (H. BJÖRNSSON, 1979).

Nach ihren Untersuchungen 1979 am Gljúfurárjökull kamen CASELDINE und CULLINGFORD u.a. zu folgenden Schlußfolgerungen:

- das Maximum der Kleinen Eiszeit wird durch eine deutliche Endmoräne markiert, die zeitlich ans Ende des letzten Jahrhunderts gestellt wird.
- anschließend folgte ein schneller Rückzug von dieser Position mit einem erneuten Stillstand zwischen 1930 und den frühen 1940er-Jahren.
- wahrscheinlich hört - laut Expeditionsberichten - der Rückzug der Gletscher zwischen 1972 und 1977 auf. Die Gletscherpositionen von 1972 und 1979 seien vergleichbar.
- zwischen 1977 und 1979 Vorstoß von 30 m bzw. 50m. Der Vorstoß kann aber schon vor 1977 begonnen haben. Die durchschnittliche Bewegung an der Eisoberfläche der Gletscherzunge betrug 26 m/Jahr (CASELDINE & CULLINGFORD, 1981).

Eine Zusammenfassung zum Klima auf Tröllaskagi findet sich in "Vesturströnd Eyjafjardar." Das Klima von Akureyri und Nautabú (Skagafjördur) ist nach demjenigen von Reykjahlíd und Grímsstadir das kontinentalste. Hingegen sind die Klimawerte der Stationen Siglunes und Grímsey viel ozeanischer und vergleichbar mit den Werten von Reykjavík. 1881 begann man mit regelmäßigen Temperaturmessungen in Akureyri, die Niederschlagsmessungen wurden erst 1927 aufgenommen. Nur ein bis zwei Jahrzehnte dauerten die Wetterbeobachtungen in Mödruvellir sowie in Núpafell/Hrísar, die kurz nach 1900 aufgenommen worden waren. 1943 begannen die Messungen in Siglunes bei Siglufjördur (von 1968 bis 1980 in

Reydará). Seit 1969 wird das Wetter in Torfufell, zuinnerst im Eyjafjördur, beobachtet. Von 1969 bis 1974 existieren Beobachtungen aus Víkurbakki (Arskógsströnd). 1974 begannen Messungen in Tjörn (Svarfadardalur). Ferner wurde 1972 bis 1973 bei Nýibár (im südlichsten Eyjafjördur, am Rande zum Hochland) und 1967 und 1968 auf dem Bægisárjökull gemessen.
Betrug in der Periode 1873 bis 1920 die durchschnittliche Jahresmitteltemperatur in Akureyri 2,4°C, so lag der Wert zwischen 1961 und 1973 bei 3,1°C (1965 bis 1979: 3,0°C; H. LIEBRICHT, 1983: 70) und zwischen 1931 und 1960 bei 3,9°C (H. HALLGRÍMSSON, 1982; H.-N. MÜLLER, 1984: 161). MÜLLER nennt folgende Werte: 1901 bis 1930: 3,0°C und 1961 bis 1970 ebenso 3,0°C (H.-N. MÜLLER, 1984: 161).

		A	B	C	D	E	F	G	H
IHD Index[1] Number	Glacier Name *Jökull*	*Bödvarsson*[2] (From *Gunnlaugsson* 1844) (unpub.)	*Bödvarsson*[3] (From *Thoroddsen* 1901) (unpub.)	*Thoroddsen*[4] 1906	*Thorarinsson*[5] 1943	*Thorarinsson*[6] 1958	*Williams*[7] (From Landsat images, unpub. and *Björnsson* 1980b)	*Björnsson*[8] (From Landsat images or aerial photos*) 1980b	Percentage[9] Decrease (E-ForG/E) in Area *Flatarmálsrýrnun* (G/E)×100
14–34 (outlet glaciers)	Vatnajökull	8940	8500	8500	8410	8538	8300	8300	–3.0%
5–7 (outlet glaciers)	Langjökull	1384	1400	1300	1021	1022	953	953	–7.0%
9–11 (outlet glaciers)	Hofsjökull	1570	1400	1350	987	996	925	925	–7.0%
12&13 (outlet glaciers)	Mýrdalsjökull	1100	1000	1000	685	701	596	596	–15.0%
	Eyjafjallajökull				101	107	77.5	77.5	–28.0%
2 (outlet glacier)	Drangajökull	708	340	350	204	199	–	160*	–19.6%
None	Tungnafellsjökull	115	170	100	50	50	–	48	–4.0%
None	Thórisjökull	Included in Langjökull			34.5	33	–	32	–3.0%
None	Thrándarjökull	84	112	100	27	27	–	22	–18.5%
None	Tindfjallajökull	38	35	25	26	27	–	19	–29.6%
None	Eiríksjökull	96	113	100	23.5	23	–	22	–4.3%
1 (outlet glacier)	Snæfellsjökull	43	28	20	22	22	–	11*	–50.0%
None	Torfajökull	140	112	100	27.5	21	–	15	–28.6%

1 – In Iceland, IHD (International Hydrological Decade) Index Numbers are assigned only to 34 individual outlet glaciers from 6 ice caps and to 3 cirque glaciers. Annual measurements are made of the variation in the position of the termini (or at points along the termini) of these outlet and cirque glaciers not areal measurements of the entire ice cap. Within the resolution limits of the satellite images used, satellite imagery can permit a frequent areal measurement of each ice cap to be made, thereby providing a measurement of dynamic changes within and at the margins of an entire ice cap, including its outlet glaciers (from *Rist* 1967 and 1977, and *Williams* 1979a).
2 – Unpublished area measurements by *Ágúst Bödvarsson*, former Director, Icelandic Geodetic Survey, from *Björn Gunnlaugsson's* 1844 map of Iceland (1:480,000)
3 – Unpublished area measurements by *Ágúst Bödvarsson*, former Director, Iceland Geodetic Survey, from *Thorvaldur Thoroddsen's* 1901 map (based on 1881–1898 field surveys)
4 – Thorvaldur Thoroddsen's area measurements of Iceland's glaciers were based on *Gunnlaugsson's* 1844 map and *Thoroddsen's* 1901 map (based on 1881–1898 field surveys)
5 – Based on Danish Geodetic Institute maps (surveyed in 1902–1938)
6 – Based on Danish Geodetic Institute maps, including post-World War II editions
7 – Area calculations made from 19 August 1973 (1392–12185; 1392–12191) and 22 September 1973 (1426–12070) Landsat images of Iceland (see also *Björnsson* 1980b)
8 – Area calculations made from 19 August 1973, 22 September 1973, 9 August 1978 (30157–11565–D) Landsat images, and 1960 arial photographs
9 – First five glaciers calculated by *Williams* (unpub.), remaining eight by *Björnsson* (1980b)

Abb. 10: Die Flächen der größten Gletscher auf Island (R. WILLIAMS, 1983)

In ihrer Arbeit "Das Frostklima Islands seit dem Beginn der Instrumentenbeobachtung" stellt LIEBRICHT aufgrund eines Vergleiches mit den von BERGTHORSSON 1969 publizierten Jahresmitteltemperaturen fest, daß die zweite Hälfte des vorigen Jahrhunderts zu den kältesten, die erste Hälfte unseres Jahrhunderts, insbesondere von den 20er- bis zu den 40er-Jahren, zu den wärmsten Phasen

seit der Landnahme Islands gehören (H. LIEBRICHT, 1983).
CASELDINE unternahm 1981 weitere Untersuchungen im Gljúfurárdalur, die zu einer verläßlicheren Chronologie der rezenten Enteisungsgeschichte dieses Tales führten. Während des letzten Jahrzehnts im 19. Jahrhundert begann - laut CASELDINE - der Gljúfurárjökull zurückzuschmelzen. In 20 Jahren wich der Gletscher um etwa 250 m zurück.
Mitte der 20er-Jahre bis 1930 verlangsamte sich das Rückschmelzen. Eine kurze Stillstands- bzw. Vorstoßphase könnte stattgefunden haben. In den 30er-Jahren zog sich die Zunge weitere 200 m zurück. In den späten 40er-Jahren gab es einen Vorstoß, dann erfolgte erneut eine Rückzugsphase bis Mitte der 70er-Jahre, zwischen 1977 und 1979 stieß der Gletscher 50 m, zwischen 1979 und 1981 30 m vor. CASELDINE bediente sich v.a. der Lichenometrie zur zeitlichen Einstufung der verschiedenen Moränenwälle (C. CASELDINE, 1983).
Eine Expedition der "Hampton School" 1983 führte v.a. mikroklimatologische Studien im Húsárdalur (Vindheimajökull vestri) durch. Der Talgletscher wurde im Überblick kartiert (P. TALBOT & R. WOODWARD, 1983: 93-102; 121-122).
Eine Übersicht über die Veränderungen der Gletscherflächen seit 1844 gibt WILLIAMS (R. WILLIAMS, 1983: 5).
Zwischen dem 18. Juli und dem 4. August 1983 führten J.-F. VENZKE

K. VENZKE meteorologische Messungen südlich des Hofes Klængshóll im Skídadalur durch. Trotz Warnung der Autoren vor einer Generalisierung aufgrund der erhaltenen Ergebnisse während einer nur kurzen Zeitspanne, werden für genannte Region u.a. folgende Tatsachen als gültig erachtet:

- in Nordisland wird die Vegetationszeit weniger durch Nachtfröste als durch langandauernde, regnerische Perioden mit Nordwinden reduziert.
- das Skídadalur-Klima wird während des Sommers mehr durch hygrische als durch thermale Klimaelemente charakterisiert (J.-F. VENZKE & K. VENZKE, 1983).

Die Studien von CASELDINE am Gljúfurárjökull 1983 belegten den weiteren Vorstoß des Gletschers, der sich aber verlangsamt hat. Das Alter der äußersten Vorfeld-Moräne wurde bestätigt. Der Gletscher scheint im Winter 1982/1983 einen kleinen Gletscherlauf gehabt zu haben (C. CASELDINE, 1985a).
Ferner untersuchte der Autor an drei weiteren Gletschern Tröllaskagis (Tungnahryggsjökull vestri, zwei Gletscher im Heidinnamannadalur) den Eisrückzug nach der Kleinen Eiszeit. Obwohl Unterschiede zueinander auftreten, bestätigte sich die Tendenz ihrer negativen Massenbilanz im 20. Jahrhundert. Die Ansichten H. BJÖRNSSONs, wonach Sommertemperaturen von 8°C bis 8,5°C in Akureyri eine kritische Schwelle für die Massenbilanz der Gletscher Tröllaskagis

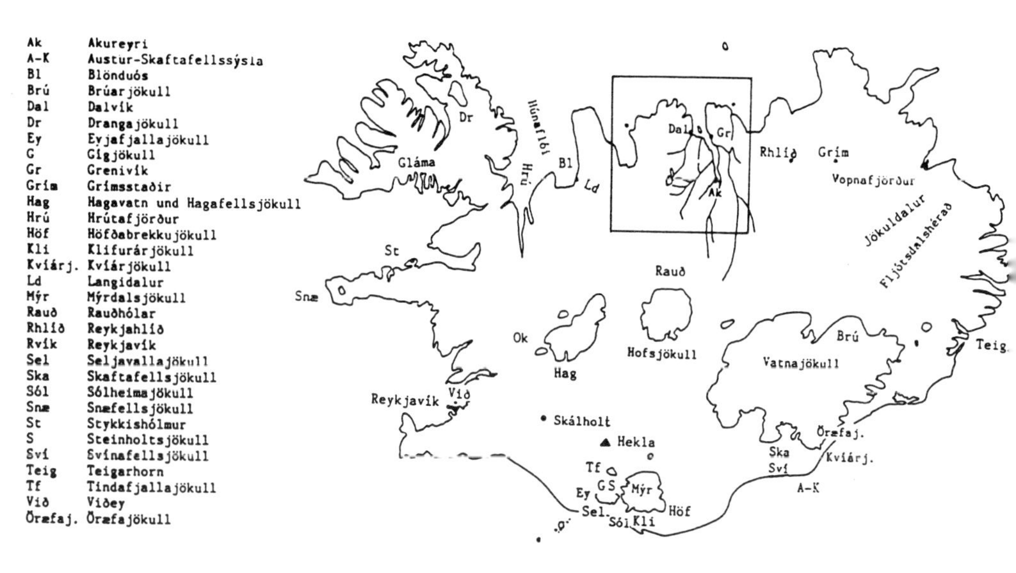

Legende zur Detailkarte

Ar	Arnarnesnafir D5
Ba	Barkár(dals)jökull C6
Belg	Belgsá E7
Bu	Bunga mit Bungujökull D6
Búr	Búrfellsdalur C5
Bæ	Bægisárjökull D7
Bæg	Bægisá D6
D	Deildardalsjökull B5
F-L	Fremri-Lambárdalur mit Fremri-Lambárdalsjökull D7
Fo	Fossárdalur D6
Geld	Geldingadalsjökull B5
Gl	Gljúfurárjökull mit Gljúfurárdalur C6
Gler	Glerárdalsjökull D7
Grýtu	Grýtudalur C5
Græ	Græntó C5
Há	Hámundarstaðaháls C5/D5
Háls	Hálsjökull D5
Hé	Héðinsdalur mit Héðinsdalsjökull BC6
Hei	Heiðinnamannadalur C6
Hj	Hjaltadalsheiði C7
H-L	Heimari-Lambárdalsjökull D6
Hn	Hnjótajökull B5
Hó	Hóll á Upsaströnd C5
Hóla	Hólamannavegur C6
Hr	Hraun í Öxnadal C7
Hrar	Hrísar D8
Hrí	Hrísahöfði D5
Húð	Húðarhólar C6
Hús	Húsárdalur D6
Ill	Illagilsdalur CD6
Jb	Jökulbrekka E4
Kað	Kaðaldalur DE4
Kd	Kerlingárdalur C5
Kerl	Kerlingarjökull D7
Klæng	Klængshóllkar C6
Ko	Kolkudalur, Kolbeinsdalur BC6
La	Lambárdalur mit Lambárdalsjökull D7
Lang	Langhóll E4
Lb	Lambárdalur (í Glerárdal) mit Lambárdalsjökull D7
Lsk	Ljósavatnsskarð E6
Löxl	Lambárdalsöxl D7
M	Myrkárjökull C67
Mel	Melar C5
Mh	Moldhaugnaháls D6
Möð	Möðruvallasel C6
N	Nautabú B6
Nón	Nónhnjúkur C6
Núp	Núpufell D8
Ný	Nýibær D8
R	Ruðningar C7
Rey)	Reyðará C3
Rh	Reykjaheiði C5
Rir	Reykir E7
Sd	Sandárdalur mit Sandárjökull C7
Sk	Skíðadalsjökull C6
Ska	Skallárjökull B5
Sö	Sörlatunga C6
Teig	Teigadalur mit Teigadalsjökull C5
Tey	Tungnahryggsjökull eystri C6
Tj	Tjörn C5
Torf	Torfufell D8
Tré	Téstaðir D6
Tröll	Tröllafjall mit Tröllaskál und Tröllaspegill D7
Tv	Tungnahryggsjökull vestri C6
U	Unadalsjökull B5
Ú	Úlfárskál D8
Ur	Urðir C5
Ve	Vesturárjökull C6
Vey	Vindheimajökull eystri D6
Vhol	Vatnshólabrún D7
Vík	Víkurbakki D5
Vv	Vindheimajökull vestri D6
Y-B	Ytri-Brettingsstaðadalur E4
Y-T	Ytri-Tungudalur CD6
Þ	Þverárjökull C6
Þor	Þorsteinsstaðir C5

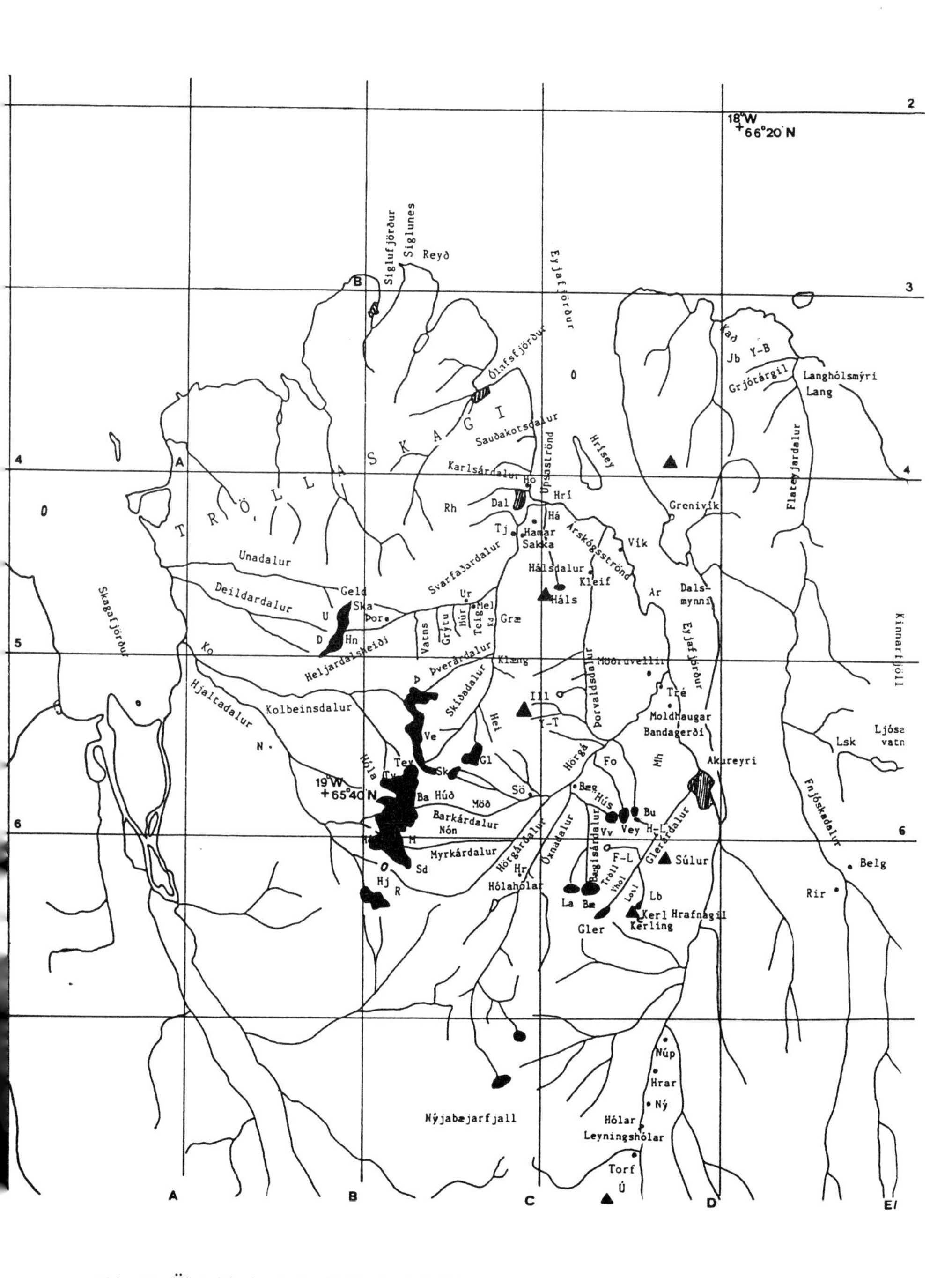

Abb. 11: Übersichtskarte der Tröllaskagi Halbinsel

darstellen, bestätigt der Autor. Zwischen einer Temperaturverschlechterung und einem Gletschervorstoß können allerdings bis zu zehn Jahre vergehen, der Rückzug bei einer Erwärmung setzt jedoch viel schneller ein. Die äußerste Vorfeldmoräne des westlichen Tungnahryggsjökull datierte CASELDINE auf 1868 n. Chr. Darauf folgen fünf Rückzugsstadien. Im Heidinnamannadalur liegen die Werte bei 1885 bis 1888 n.Chr. und 1913 bis 1917 n.Chr. (C. CASELDINE, 1985b).

Literatur

ADALSTEINSSON, B. (1987): Jökulhörfun á Brúaröræfum.
- Ìsaldarlok á Ìslandi, Ráðstefna í Hótel Loftleiðum, 28. apríl 1987; Reykjavík.

AHLMANN, H.W. (1937): Vatnajökull in Relation to Other Present Day Iceland Glaciers. Chapter IV.
- Geografiska Annaler, 3 - 4, S. 212 - 231; Stockholm.

BÀRDARSON, G. (1910): Traces of Changes of Climate and Level at Húnaflói, Northern Iceland.
- "Die Veränderungen des Klimas seit dem Maximum der letzten Eiszeit." Generalstabens Litografiska Anstalt, S. 345 - 352; Stockholm.

BÀRDARSON, G. (1934): Islands Gletscher. Beiträge zur Kenntnis der Gletscherbewegungen und Schwankungen auf Grund alter Quellenschriften und neuester Forschung.
- Vísindafélag Ìslendinga, Bd. 16, Reykjavík.

BENEDIKTSSON; J. (1974): Landnám og upphaf allsherjarríkis. Landafundir.
- Saga Ìslands, Bd. I; Reykjavík.

BERGTHÒRSSON, P. (1956): Barkárjökull.
- Jökull 6; Reykjavík.

BERGTHÒRSSON, P. (1967): Kuldaskeið um 1300?
- Veðrið, 2. hefti, 12. ár., S. 55 - 58; Reykjavík.

BJÖRNSSON, H. (1971): Bægisárjökull, North Iceland. Results of Glaciological Investigations 1967 - 1968. Part I. Mass Balance and General Meteorology.
- Jökull 21, S. 1 - 23; Reykjavík.

BJÖRNSSON, H. (1972): Bægisárjökull, North Iceland. Results of Glaciological Investigations 1967 - 1968. Part II. The Energy Balance.
- Jökull 22, S. 44 - 61; Reykjavík.

BJÖRNSSON, H. (1978): The Surface Area of Glaciers in Iceland.
- Jökull 28, S. 31; Reykjavík.

BJÖRNSSON, H. (1979): Glaciers in Iceland.
- Jökull 29, S. 74 - 80; Reykjavík.

CASELDINE, C. (1979): Report on Exeter University North Iceland Expedition 1979.
- Exeter.

CASELDINE, C. (1983): Resurvey of the Margins of Gljúfurárjökull and the Chronology of recent Deglaciation.
- Jökull 33, S. 111 - 118; Reykjavík.

CASELDINE, c. (1985a): Survey of Gljúfurárjökull and Features associated with a Glacier Burst in Gljúfurárdalur, Northern Iceland.
- Jökull 35, S. 61 - 68; Reykjavík.

CASELDINE, C. (1985b): The Extent of Some Glaciers in Northern Iceland During The Little Ice Age and the Nature of Recent Deglaciation.
- The Geographical Journal, Vol. 151, S. 215 – 227; London.

CASELDINE, C. (1987): Neoglacial glacier variations in northern Iceland: examples from the Eyjafjörður area.
- Arctic and Alpine Research, Vol. 19, No. 3, S. 296 – 304; Boulder.

CASELDINE, C., CULLINGFORD, R.A. (1981): Recent Mapping of Gljúfurárjökull and Gljúfurárdalur.
- Jökull 31, S. 11 – 22; Reykjavík.

CHELSEA COLLEGE UNION (1961): Expedition to Iceland, Summer 1961, Final Report.
- Royal Geographical Society; London.

EINARSSON, T. (1942): Glerárdalur.
- Ferðir 1, 3. Árg; Akureyri.

EINARSSON, T. (1951): Smájöklar í Flateyjardal.
- Jökull 1, S. S. 15; Reykjavík.

EINARSSON, TH. (1961): Pollenanalytische Untersuchungen zur spät – und postglazialen Klimageschichte Islands.
- Sonderveröffentlichungen des Geologischen Institutes der Universität Köln, 6; Bonn.

EINARSSON, TH. (1968): Jarðfræði. Saga bergs og lands.
- Reykjavík.

EINARSSON, TH. (1969): Loftslag, sjóvarhiti og hafís á forsögulegum tíma.
- Hafísinn, S. 389 – 402; Reykjavík.

ESCRITT, T. (1974a): North Iceland Glacier Inventory – 1973 and 1974.
- Jökull 24, S. 60 – 62; Reykjavík.

ESCRITT, T. (1974b): North Iceland Glacier Inventory – A Manual for Field Survey Parties.
- Young Explorers' Trust; London.

ESCRITT, T. (1976): North Iceland Glacier Inventory – 1975 Field Season and 1976 Field Season.
- Jökull 26, S. 59 – 60; Reykjavík.

EYTHÓRSSON, J. (1935): On the Variations of Glaciers in Iceland. Some Studies Made in 1931. I Drangajökull.
- Geografiska Annaler, 1 – 2, S. 121 – 137; Stockholm.

EYTHÓRSSON, J. (1956): Frá Norðurlandsjöklum. Brot úr dagbók 1939.
- Jökull 6, S. 23 – 29; Reykjavík.

EYTHÓRSSON, J., SIGTRYGGSSON, H. (1971): The Climate and Weather of Iceland.
- The Zoology of Iceland, Vol. I, Part 3; Reykjavík.

GRIFFEY, N. J. (1976): The supposed major advance of Bægisárjökull, northern Iceland, about 2500 years ago.
- Geologiska Föreningens i Stockholm Förhandlingar, Vol. 98, S. 280 - 282; Stockholm.

GUDMUNDSSON, E. (1973): Svarfaðardalur og gönguleiðir um fjöllin.
- Árbók Ferðafélag Íslands; Reykjavík.

GUDMUNDSSON, E. (1982): Mannfellirin mikli. Ritsafn I.
- Akureyri.

HAFLIDASON, H. (1983): The Marine Geology of Eyjafjörður, North Iceland: Sedimentological, Petrographical and Stratigraphical Studies.
- University of Edinburgh, Dissertation.

HALSTEAD, C.A. (1962): Glasgow University Exploration Society: Glasgow Vindheima jökull survey, preliminary report.
- Glasgow.

HALLGRÍMSSON, H. (1972): Hlaupið í Teigadalsjökli í Svarfaðardal.
- Jökull 22, S. 79 - 82; Reykjavík.

HALLGRÍMSSON, H. (1980): Jarðsaga Glerárdals.
- Sérprentun úr Ferðum; Akureyri.

HALLGRÍMSSON, H. (1982): Vesturströnd Eyjafjarðar. Náttúrufar og minjar.
- Akureyri.

HALLSDÓTTIR, M. (1984): Um Ísaldarlok í Glerárdal og í nágrenni Akureyrar (On the deglaciation in Glerárdalur and at Akureyri, North - Iceland).
- Náttúrugripasafnið í Akureyri, fjölrit nr. 12; Akureyri.

HJARTARSON, Á. (1973): Rof jarðlagastaflans milli Eyjafjarðar og Skagafjarðar og Ísaldarmenjar við utanverðan Eyjafjörð.
- Háskóli Íslands, Verkfræði - og raunvísindadeild; Reykjavík.

HOPPE, G. (1968): Grímsey and the Maximum Extent of the Last Glaciation in Iceland.
- Geografiska Annaler, 50A, S. 16 - 24; Stockholm.

HOPPE, G. (1982): The Extent of the last Inland Ice Sheet of Iceland.
- Jökull 32, S. 3 - 11.

HUDSON, C. (1975): Plas Gwynant Expedition, Iceland.
- Royal Geographical Society; London.

JÓNASSON, H. (1946): Skagafjörður.
- Árbók Ferðafélags Íslands; Reykjavík.

JONSSON, Ó (1976): Berghlaup.
- Akureyri.

KALDAL, I. (1978): The deglaciation of the area north and northeast of Hofsjökull, Central Iceland.
- Jökull 28, S. 18 - 31; Reykjavík.

KING, R.S. (1978): Westlands School North Iceland Expedition.,
- Royal Geographical Society; London.

KJARTANSSON, G. (1955): Fróðlegar jökulrákir. Studies on glacial striae in Iceland.
- Náttúrufræðingurinn, 25. árg., 3. hefti, S. 154 - 171; Akureyri.

LIEBRICHT, H. (1983): Das Frostklima Islands seit dem Beginn der Instrumentenbeobachtung.
- Bamberger Geographischen Schriften, Band 5.

METCALFE, R.J. (1976 und 1978): Expedition to Iceland, July 1976. The High School of Glasgow. Incl. "A map of Hálsjökull" 1976.
- Jökull 28, S. 59 - 60; Reykjavík.

MEYER, H.-H., VENZKE, J.-F. (1985): Der Klængshóll - Kargletscher in Nordisland.
- Natur und Museum, 115 (2), S. 29 - 46; Frankfurt.

MÜLLER, H.-N. (1984): Spätglaziale Gletscherschwankungen in den westlichen Schweizer Alpen (Simplon - Süd und Val de Nendaz, Wallis) und im nordisländischen Tröllaskagi - Gebirge (Skidadalur).
- Näfels.

MÜLLER, H.-N. ET AL. (1984): Glazial- und Periglazialuntersuchungen im Skídadalur, Tröllaskagi (N - Island).
- Polarforschung, 54 (2), S. 95 - 109; Bamberg.

NORDDAHL, H. (1979): The last glaciation in Flateyjardalur, Central North Iceland, a preliminary report.
- Univ. Lund, Dep. of Quat. Geol., Rep. 18; Lund.

NORDDAHL, H. (1981): A prediction of minimum age for the Weichselian maximum glaciation in North Iceland.
- Boreas, Vol. 10, S. 471 - 476; Oslo.

NORDDAHL, H. (1983): Late Quaternary Stratigraphy of Fnjóskadalur, Central North Iceland. A Study of Sediments, Ice - Lake Strandlines, Glacial Isostasy and Ice - free Areas.
- Lundqua Thesis, Bd. 12; Lund.

NORDDAHL, H., HJORT, C. (1987): Aldur jökulhörfunar í Vopnafirði.
- Ísaldarlok á Íslandi, Ráðstefna á Hótel Loftleiðum, 28. apríl 1987; Reykjavík.

ÓLAFSSON, E., PÁLSSON, B. (1752 - 1757): Ferðabók, um ferðir feirra á Íslandi árin 1752 - 1757.
- Bókaútgáfan Örn og Örlygur; Reykjavík.

ÓSKARSSON, I. (1982): Skeldýrafána Íslands.I. Samlokur í sjó.II. Sæsniglar með skel.
- Reykjavík.

PÁLSSON, S. (1791 – 1797): Ferðabók Sveins Pálssonar.
- Reykjavík.

PÉTURSSON, H. G. (1986): Kvartærgeologiske undersökelser pa Vest – Melrakkaslétta, Nord-öst – Island. Tekst – og figurbind.
- Tromsö.

SCHELL, I. I. (1961): The ice off Iceland and the climates during the pa,st 1200 years.
- Geografiska Annaler, 43, Hefte 3/4, S. 354 – 362; Stockholm.

SCHUNKE, E. (1979): Aktuelle Klimaveränderungen in der europäischen Subarktis.
- Vom 42. Deutschen Geographentag 1979 in Göttingen, S. 291 – 294; Göttingen.

SCHUTZBACH, W. (1985): Island. Feuerinsel am Polarkreis.
- Bonn.

SCHWARZBACH, M. (1983): Deutsche Islandforscher im 19. Jahrhundert – Begegnungen in der Gegenwart,
- Jökull 33, S. 25 – 32; Reykjavík.

SIGFÚSDÓTTIR, A. B. (1969): Hitabreytingar á Íslandi 1846 – 1968.
- Hafísinn, S. 70 – 79; Reykjavík.

SIGURJÓNSSON, J. (1969): Bægisá, Nord – Island – Hydrologi og Morfologi.
- Oslo.

STEBBING, N. (1963): Edinburgh University. Expedition Iceland,
- Edinburgh.

STEFÁNSSON, U. (1969): Temperature Variations in the North Icelandic Coastal Area During Recent Decades.
Jökull 19, S. 18 – 28; Reykjavík.

STEINDÓRSSON, S. (1938): Eyjafjörður. Leiðir og llsingar.
- Árbók Ferðafélag Íslands; Reykjavík.

STEINDÓRSSON, S. (1943): Lífrænar jökultímaminjar í Eyjafirði.
- Náttúrufræðingurinn, 13. Árg., 2. hefti, S. 100 – 103; Akureyri.

STÖTTER, J. (1987): "Zwischenbericht zur Arbeit im Skíðadalur".
- München (unv. Manuskript).

TALBOT, P., WOODWARD, R. (1983): Hampton School Iceland Expedition.
- Royal Geographical Society; London.

THORODDSEN, T. (1891/92): Islands Jökler i Fortid og Nutid.
- Geografisk Tidskrift, Bd. 11, S. 111 – 146; Kopenhagen.

THORODDSEN, T. (1905/06): Island: Grundriss der Geographie und Geologie.
- Petermanns Geographische Mitteilungen, Ergänzungshefte 152 und 153; Gotha.

TRYGGVASON, E. (1953): Gljúfurárjökull í Svarfaðardal. Lambárdalsjökull,
- Jökull 3, S. 43; Reykjavík.

VENZKE, J.-F., MEYER, H.-H. (1986): Remarks on the Late Glacial and Early Holocene Deglaciation of the Svarfadardalur and Skídadalur Valley System, Tröllaskagi, Northern Iceland.
- Research Institute Neðri Ás, Nr. 46; Hveragerði.

VENZKE, J.-F., VENZKE, K. (1983): Meteorological Records of Skídadalur, Northern Iceland, Summer 1983.
- Research Institute Neðri Ás, Nr. 41; Hveragerði.

VÍDALÍN, TH. (1754): Dissertioncula de montibus Islandiae chrystallinis.
- Skálholt, 1695. Deutsche Übersetzung: Abhandlung von den isländischen Eisbergen, Hamburgisches Magazin; Hamburg.

VÍKINGSSON, S. (1978): The Deglaciation of the Southern Part of the Skagafjörður District, Northern Iceland.
- Jökull 28, S. 1-17; Reykjavík.

WILLIAMS, R. S. Jr. (1983): Satellite Glaciology of Iceland.
- Jökull 33, S. 3-12; Reykjavík.

THÓRARINSSON, H. E. (1973): Svarfaðardalur og gönguleiðir um fjöllin.
- Árbók Ferðafélag Íslands; Reykjavík.

THÓRARINSSON, S. (1943): Vatnajökull. Scientific Results of the Swedish-Icelandic Investigations 1936-37-38. Chapter XI. Oscillations of the Icelandic Glaciers in the last 250 years.
- Geografiska Annaler, 25, S. 1-54; Stockholm.

THÓRARINSSON, S. (1956): On the Variations of Svínafellsjökull, Skaftafellsjökull and Kvíárjökull in Öræfi.
- Jökull 6, S. 1-15; Reykjavík.

THÓRARINSSON, S. (1960): Glaciological Knowledge in Iceland before 1800. A Historical Outline.
- Jökull 10, S. 1-18; Reykjavík.

THÓRARINSSON, S. (1969a): The Effect of Glacier Changes in Iceland Resulting from Increase in the Frequency of Drift Ice Years. Abstract,
- Jökull 19, S. 103; Reykjavík.

THÓRARINSSON S. (1969b): Afleiðingar jöklabreytinga á Íslandi ef tímabil hafísára fer í hönd.
- Hafísinn, S. 364-388; Reykjavík

THORKELSSON, TH. (1922): Um Ísaldarmenjar og forn sjávarmál kringum Akureyri.
- Andvari, 47. Árg., S. 44-65; Reykjavík.

THORKELSSON, TH. (1924): Nokkrar athugasemdir um Ísaldarmenjar og forn sjávarmörk.
- Andvari, 49. Árg., S. 185-200; Reykjavík.

MÜNCHENER GEOGRAPHISCHE ABHANDLUNGEN
Institut für Geographie der Universität München
Fakultät für Geowissenschaften
8 München 2, Luisenstraße 37

Herausgeber: Prof. Dr. H.-G. Gierloff-Emden Prof. Dr. F. Wilhelm
Schriftleitung: Dr. F.-W. Strathmann

Band 1 Das Geographische Institut der Universität München, Fakultät für Geowissenschaften, in Forschung, Lehre und Organisation. 1972, 101 S., 3 Abb., 13 Fotos, 1 Luftb., DM 10,– ISBN 3 920397 60 6

Band 2 KREMLING, Helmut: Die Beziehungsgrundlage in thematischen Karten in ihrem Verhältnis zum Kartengegenstand. 1970, 128 S., 7 Abb., 32 Tab., DM 18,– ISBN 3 920397 61 4

Band 3 WIENEKE, Friedrich: Kurzfristige Umgestaltungen an der Alentejoküste nördlich Sines am Beispiel der Lagoa de Melides, Portugal (Schwallbedingter Transport an der Küste). 1971, 151 S., 34 Abb., 15 Fotos, 3 Luftb., 10 Tab., DM 18,– ISBN 3 920397 62 2

Band 4 PONGRATZ, Erica: Historische Bauwerke als Indikatoren für küstenmorphologische Veränderungen (Abrasion und Meeresspiegelschwankungen in Latium). 1972, 144 S., 56 Abb., 59 Fotos, 8 Luftb., 4 Tab., 16 Karten, DM 24,– ISBN 3 920397 63 0

Band 5 GIERLOFF-EMDEN, Hans Günter und RUST, Uwe: Verwertbarkeit von Satellitenbildern für geomorphologische Kartierungen in Trockenräumen (Chihuahua, New Mexico, Baja California) – Bildinformation und Geländetest. 1971, 97 S., 9 Abb., 17 Fotos, 2 Satellitenb., 5 Tab., 6 Karten, DM 10,– ISBN 3 920397 64 9

Band 6 VORNDRAN, Gerhard: Kryopedologische Untersuchungen mit Hilfe von Bodentemperaturmessungen (an einem zonalen Strukturbodenvorkommen in der Silvrettagruppe). 1972, 70 S., 15 Abb., 5 Fotos, 12 Tab., DM 10,– ISBN 3 920397 65 7

Band 7 WIECZOREK, Ulrich: Der Einsatz von Äquidensiten in der Luftbildinterpretation und bei der quantitativen Analyse von Texturen. 1972, 195 S., 20 Abb., 27 Tafeln, 10 Tab., 2 Karten, 50 Diagr., DM 42,– ISBN 3 920397 66 5

Band 8 MAHNCKE, Karl-Joachim: Methodische Untersuchungen zur Kartierung von Brandrodungsflächen im Regenwaldgebiet von Liberia mit Hilfe von Luftbildern. 1973, 73 S., 13 Abb., 7 Fotos, 1 Luftb., 1 Karte, vergriffen ISBN 3 920397 67 3

Band 9 Arbeiten zur Geographie der Meere. Hans Günter Gierloff-Emden zum 50. Geburtstag. 1973, 84 S., 27 Abb., 20 Fotos, 3 Luftb., 7 Tab., 3 Karten, DM 25,– ISBN 3 920397 68 1

Band 10 HERRMANN, Andreas: Entwicklung der winterlichen Schneedecke in einem nordalpinen Niederschlagsgebiet. Schneedeckenparameter in Abhängigkeit von Höhe üNN, Exposition und Vegetation im Hirschbachtal bei Lenggries im Winter 1970/71. 1973. 84 S., 23 Abb., 18 Tab., DM 18,– ISBN 3 920397 69 X

Band 11 GUSTAFSON, Glen Craig: Quantitative Investigation of the Morphology of Drainage Basins using Orthophotography – Quantitative Untersuchung zur Morphologie von Flußbecken unter Verwendung von Orthophotomaterial. 1973, 155 S., 48 Abb., DM 27,– ISBN 3 920397 70 3

Band 12 MICHLER, Günther: Der Wärmehaushalt des Sylvensteinspeichers. 1974, 255 S., 82 + 7 Abb., 7 Fotos, 23 Tab., DM 28,– ISBN 3 920397 71 1

Band 13 PIEHLER, Hans: Die Entwicklung der Nahtstelle von Lech-, Loisach- und Ammergletscher vom Hoch- bis Spätglazial der letzten Vereisung. 1974, 105 S., 16 Abb., 13 Fotos, 14 Tab., 1 Karte, DM 20,– ISBN 3 920397 72 X

Band 14 SCHLESINGER, Bernhard: Über die Schutteinfüllung im Wimbach-Gries und ihre Veränderung. Studie zur Schuttumlagerung in den östlichen Kalkalpen. 1974, 74 S., 9 Abb., 12 Tab., 7 Karten, DM 18,– ISBN 3 920397 73 8

Band 15 WILHELM, Friedrich: Niederschlagsstrukturen im Einzugsgebiet des Lainbaches bei Benediktbeuren, Obb. 1975, 85 S., 40 Fig., 19 Tab., DM 19,– ISBN 3 920397 74 6

Band 16 GUMTAU, Michael: Das Ringbecken Korolev in der Bildanalyse. Untersuchungen zur Morphologie der Mondrückseite unter Benutzung fotografischer Äquidensitometrie und optischer Ortsfrequenzfilterung. 1974, 145 S., 82 Abb., 8 Tab., DM 38,– ISBN 3 920397 75 4

Band 17 LOUIS, Herbert: Abtragungshohlformen mit konvergierend-linearem Abflußsystem. Zur Theorie des fluvialen Abtragungsreliefs. 1975, 45 S., 1 Fig., DM 14,– ISBN 3 920397 76 2

Band 18 OSTHEIDER, Monika: Möglichkeiten der Erkennung und Erfassung von Meereis mit Hilfe von Satellitenbildern (NOAA-2 VHRR). 1975, 159 S., 65 Abb., 10 Tab., DM 36,– ISBN 3 920397 77 0

Band 19 RUST, Uwe und WIENEKE, Friedrich: Geomorphologie der küstennahen Zentralen Namib (Südwestafrika). 1976, 74 S., Appendices (50 Abb., 23 Photos, 17 Tab.), DM 60,– ISBN 3 920397 78 9

Band 20 GIERLOFF-EMDEN, H. G. und WIENEKE, F. (Hrsg.): Anwendung von Satelliten- und Luftbildern zur Geländedarstellung in topographischen Karten und zur bodengeographischen Kartierung. 1978, 69 S., 6 Abb., 6 Luftb., 6 Tab., 2 Karten, 4 Tafeln, DM 44,– ISBN 3 920397 79 7

Band 21 PIETRUSKY, Ulrich: Raumdifferenzierende bevölkerungs- und sozialgeographische Strukturen und Prozesse im ländlichen Raum Ostniederbayerns seit dem frühen 19. Jahrhundert. 1977, 174 S., 25 Abb., 32 Tab., 9 Karten, Kartenband (12 Planbeilagen), DM 46,– ISBN 3 920397 40 1

Band 22 HERRMANN, Andreas: Schneehydrologische Untersuchungen in einem randalpinen Niederschlagsgebiet (Lainbachtal bei Benediktbeuern/Oberbayern). 1978, 126 S., 68 Abb., 14 Tab., DM 32,– ISBN 3 920397 41 X

Band 23 DREXLER, Otto: Einfluß von Petrographie und Tektonik auf die Gestaltung des Talnetzes im oberen Rißbachgebiet (Karwendelgebiet, Tirol). 1979, 124 S., 23 Abb., 16 Tab., 2 Karten, DM 60,–. ISBN 3 920397 47 9

Band 24 GIERLOFF-EMDEN, Hans Günter: Geographische Exkursion: Bretagne und Nord-Vendée. 1981, 50 S., 19 Abb., 9 Tab., 50 Karten, DM 18,–. ISBN 3 88618 090 5

Band 25 DIETZ, Klaus R.: Grundlagen und Methoden geographischer Luftbildinterpretation. 1981, 110 S., 51 Abb., 9 Tafeln, 9 Karten, DM 40,–. ISBN 3 88618 091 3

Band 26 STÖCKLHUBER, Klaus: Erfassung von Ökotopen und ihren zeitlichen Veränderungen am Beispiel des Tegernseer Tales – Eine Untersuchung mit Hilfe von Luftbildern und terrestrischer Fotografie. 1982, 113 S., 72 Abb., 6 Tab., 8 Tafeln, DM 56,–. ISBN 3 88618 092 1

Band 27 WIECZOREK, Ulrich: Methodische Untersuchungen zur Analyse der Wattmorphologie aus Luftbildern mit Hilfe eines Verfahrens der digitalen Bildstrukturanalyse. 1982, 208 S., 20 Abb., 6 Tab., 4 Tafeln, 3 Karten, DM 103,–. ISBN 3 88618 093 X

Band 28 SOMMERHOFF, Gerd: Untersuchungen zur Geomorphologie des Meeresbodens in der Labrador- und Irmingersee. 1983, 86 S., 39 Abb., 2 Tab., 7 Beilagen, DM 25,– ISBN 3 88618 094 8